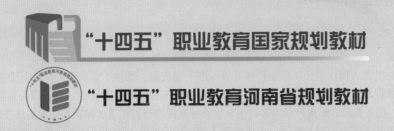

"十四五"职业教育国家规划教材

"十四五"职业教育河南省规划教材

工业机器人操作编程与运行维护——中级

主　编　王美姣　楚雪平　曹坤洋

副主编　马延立　张　柯　王东辉　李　慧

参　编　刘　浪　张大维

北京理工大学出版社

BEIJING INSTITUTE OF TECHNOLOGY PRESS

内 容 简 介

本书的编写以《工业机器人操作与运维职业技能等级标准》为依据，围绕工业机器人应用行业领域工作岗位群的能力需求，充分融合课程教学特点与职业技能等级标准内容，进行整体内容的设计。全书以实际应用中典型工作任务为主线，以项目化、任务化形式整理教学内容，使学生能够掌握项目内包含的知识和任务实施技能。

本书内容包含工业机器人零点校对与调试、工业机器人搬运码垛操作与编程、工业机器人多工位码垛操作与编程、工业机器人装配工作站操作与编程、工业机器人控制柜定期维护、工业机器人部件更换、工业机器人本体故障诊断与处理和工业机器人周边系统故障诊断与处理，共计8个典型实训项目。项目包含若干任务，项目配备项目知识测评，任务均配备任务评价，便于教学成果的评价和重点内容的掌握。

本书适用于"1+X"证书制度试点教学、相关专业课证融通课程的教学，也可以应用于工业机器人应用企业的培训等。

图书在版编目（CIP）数据

工业机器人操作编程与运行维护：中级 / 王美姣，
楚雪平，曹坤洋主编. -- 北京：北京理工大学出版社，
2021.11（2023.11重印）

ISBN 978 - 7 - 5763 - 0593 - 7

Ⅰ.①工… Ⅱ.①王… ②楚… ③曹… Ⅲ.①工业机
器人—程序设计—高等职业教育—教材　Ⅳ.①TP242.2

中国版本图书馆CIP数据核字（2021）第221858号

责任编辑：陆世立		**文案编辑：**陆世立	
责任校对：周瑞红		**责任印制：**边心超	

出版发行 / 北京理工大学出版社有限责任公司

社　　址 / 北京市丰台区四合庄路6号

邮　　编 / 100070

电　　话 / （010）68914026（教材售后服务热线）

　　　　　　（010）68944437（课件售后服务热线）

网　　址 / http：//www.bitpress.com.cn

版 印 次 / 2023 年 11 月第 1 版第 3 次印刷

印　　刷 / 定州启航印刷有限公司

开　　本 / 889mm×1194mm　1 / 16

印　　张 / 12.5

字　　数 / 246 千字

定　　价 / 47.00元

图书出现印装质量问题，请拨打售后服务热线，负责调换

前言
Preface

2019 年 4 月 10 日，教育部等四部委联合印发了《关于在院校实施"学历证书 + 若干职业技能等级证书"制度试点方案》的通知，部署启动了"1+X"证书制度试点工作，以人才培养培训模式和评价模式改革为突破口，提高人才培养质量，夯实人才可持续发展基础。同年 6 月，发布了第二批试点工业机器人操作与运维等 10 个职业技能等级证书。与专业高度相关的职业技能等级证书的出现，为工业机器人专业的学生提供了可供遵循的职业技能标准。"1+X"证书制度是适应现代职业教育的制度创新衍生的，其目标是提高复合型技术技能人才培养与产业需求契合度，化解人才供需结构矛盾；路径是产教融合、校企合作，激励、引导行业企业深度参与职业教育人才培养全过程；核心是夯实职业人才成长基础，拓宽就业路径，提高就业质量。

2020 年 4 月 24 日，人力资源社会保障部会同市场监管总局、国家统计局联合发布了智能制造工程技术人员等 16 个新职业信息，数百万智能制造工程技术从业人员将以职业身份正式登上历史舞台。智能制造技术包括自动化、信息化、互联网和智能化四个层次，其中机器人产业是智能装备中不可或缺的重要组成部分。在人社部发布的《新职业——工业机器人系统运维员就业景气现状分析报告》中，机器人被誉为"制造业皇冠顶端的明珠"，是衡量一个国家创新能力和产业竞争力的重要标志，已成为全球新一轮科技和产业革命的重要切入点。该报告指出，作为技术集成度高、应用环境复杂、操作维护较为专业的高端装备，有着多层次的人才需求。近年来，国内企业和科研机构加大机器人技术研究与本体研制方向的人才引进与培养力度，在硬件基础与技术水平上取得了显著提升，但现场调试、维护操作与运行管理等应用型人才的培养力度依然有所欠缺。

党的二十大报告指出，大国工匠和高技能人才是人才强国战略的重要组成部分。为了应对智能制造领域中工业机器人系统操作员及工业机器人系统运维员等新职业的人才需求缺口，完善人才战略布局，广大职业院校陆续开设了工业机器人相关的课程及专业，专业的建设需要不断加强与相关行业的有效对接，"1+X"证书制度试点是促进技术技能人才培养培训模式和评价模式改革、提高人才培养质量的重要举措。本套教材深化产教融合，强化北京华航唯实机器人科技股份有限公司"专精特新"小巨人企业科技创新地位，发挥其引领支撑作用，推进工业机器人产业链人才链深度融合。

河南职业技术学院参照"1+X"工业机器人操作与运维职业技能等级标准，协同北京华航唯实机器人科技股份有限公司、许昌职业技术学院共同开发了本套教材，河南职业技术学院王美姣、楚雪平、曹坤洋任主编。具体编写分工为：河南职业技术学院王美姣编写项目1，河南职业技术学院楚雪平编写项目3和项目6，河南职业技术学院曹坤洋编写项目4和项目8，许昌职业技术学院马延立编写项目5，河南职业技术学院张柯编写项目2，河南职业技术学院王东辉编写项目7，河南职业技术学院王美姣和北京华航唯实机器人科技股份有限公司李慧负责统稿。本书在编写过程中得到了北京华航唯实机器人科技股份有限公司刘浪、张大维等工程师的帮助，他们参与了案例的设计等工作。同时我们还参阅了部分相关教材及技术文献内容，在此一并表示衷心的感谢。

本套教材分为初级、中级、高级三部分，以智能制造企业中工业机器人操作与运维岗位相关从业人员的职业素养、技能需求为依据，采用项目引领、任务驱动理念编写，以实际应用中典型工作任务为主线，配合实训流程，详细地剖析讲解工业机器人操作及运行维护所需要的知识及岗位技能，培养具有安全意识，能依据机械装配图、电气原理图和工艺指导文件完成工业机器人系统的安装、调试，以及工业机器人的本体定期保养与维护、工业机器人基本程序操作的能力。

本书通过资源标签或者二维码链接形式，提供了配套的学习资源，利用信息化技术，采用 PPT、视频、动画等形式对书中的核心知识点和技能点进行深度剖析和详细讲解，降低了读者的学习难度，有效提高读者学习兴趣和学习效率。

由于编者水平有限，对于书中的不足之处，希望广大读者提出宝贵意见。

编　者

目录 Contents

项目1

工业机器人零点校对与调试

 项目导言

本项目对工业机器人零点校对与基本调试的方法进行了详细的讲解，并设置了丰富的实训任务，使学生通过实操掌握工业机器人零点校对的方法和工业机器人调试的基本方法。

 项目目标

1. 培养对工业机器人零点进行校对的能力。
2. 培养对工业机器人进行基本调试的能力。

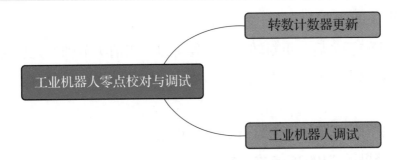

任务 1.1 转数计数器更新

 任务描述

某工作站的工业机器人在使用过程中出现需要进行转数计数器更新的情况，请根据实训指导手册完成转数计数器的更新。

任务目标

1. 能判断工业机器人在哪些情况下需要进行转数计数器更新。
2. 能操纵工业机器人对齐同步标记。
3. 能进行转数计数器的更新。

 所需工具

安全操作指导书。

 **学时安排**

建议学时共 4 学时，其中相关知识学习建议 2 学时，学员练习建议 2 学时。

 工作流程

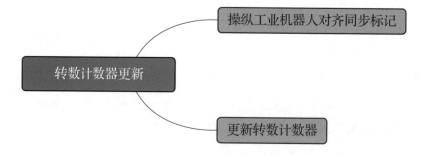

 知识储备

在工业机器人零点丢失后，更新转数计数器可以将当前关节轴所处位置对应的编码器转数数据（单圈转角数据保持不变）设置为机械零点的转数数据，从而对工业机器人零点进行粗略的校准。

在遇到下列情况时，需要进行转数计数器更新操作。

（1）当系统报警提示"10036 转数计数器未更新"时。

（2）当转数计数器发生故障，完成修复后。

（3）在转数计数器与测量板之间连接断开之后。

（4）在工业机器人系统断电状态下，工业机器人的关节轴发生移动时。

（5）在更换伺服电机转数计数器电池之后。

（6）在第一次安装完工业机器人和控制柜并进行线缆连接之后。

任务实施

1. 操纵工业机器人对齐同步标记

操纵工业机器人进行6个关节轴的回同步标记位置操作时，从工业机器人安装方式考虑，通常情况下，工业机器人采用平行于地面的安装方式，如果先对齐1—3轴的同步标记，将造成4-6轴位置较高，难以继续执行对齐同步标记的操作，所以建议各关节轴的调整顺序依次为轴4—5—6—3—2—1。不同型号的工业机器人机械零点位置会有所不同，具体信息可以查阅工业机器人产品说明书。操作工业机器人各个关节轴对齐机械零点同步标记的步骤如下。

（1）操纵工业机器人运动至合适的安全位置，手动操纵模式下选择需要操作的轴，此处选择"轴4—6"。

（2）调整工业机器人，将关节轴4转到其机械零点同步标记位置（中线尽量与槽口中点对齐），如图1-1所示。

（3）参照上述方法调整工业机器人，将其余关节轴转到其机械零点同步标记位置。

图1-1　轴4同步标记位置

2. 更新转数计数器

手动操纵工业机器人使需要更新转数计数器的关节轴运动到其机械零点即同步标记位置后，进行更新转数计数器的操作，对所有关节轴进行转数计数器更新的操作步骤如下，实际操作时可根据具体情况选择更新其中的单个关节轴或者其中几个关节轴。

更新转数计数器

（1）将工业机器人各关节轴调整至机械零点同步标记后，点击"主菜单"按钮。

（2）在主菜单界面选择"校准"。

（3）选择需要校准的机械单元，点击"ROB_1"，如图1-2所示。

（4）选择"校准参数"，选择"编辑电机校准偏移 …"，如图1-3所示。然后，在弹出的对话框中点击"是"。

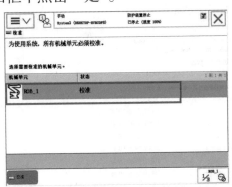

图1-2　选择需要校准的机械单元

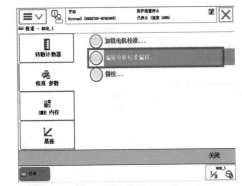

图1-3　编辑电机校准偏移

（5）在弹出的编辑电机校准偏移界面，对6个轴的偏移参数进行修改，如图1-4所示。

如果此时界面中显示的电机校准偏移值与工业机器人本体上的电机校准偏移数值一致，则不需要进行修改，直接点击"取消"。

（6）点击对应轴的偏移值，输入工业机器人本体上的电机校准偏移值数据，然后点击"确定"，如图1-5所示。输入所有工业机器人本体上的电机校准偏移值数据后，点击"确定"。然后，在弹出的对话框中点击"是"，进行控制器重启。

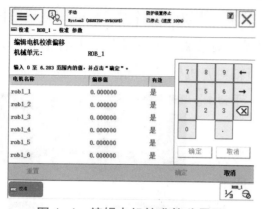

图1-4　编辑电机校准偏移界面

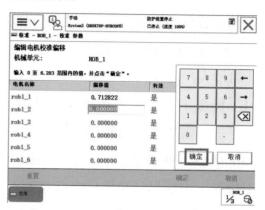

图1-5　输入电机校准偏移值数据

（7）重新进入图1-6所示界面：选择"转数计数器"，再选择"更新转数计数器…"。

（8）在弹出的对话框中点击"是"，如图1-7所示。

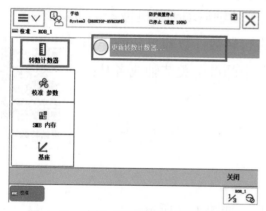

图1-6　选择"更新转数计数器…"

图1-7　点击"是"确认更新转数计数器开始

（9）校准完成后点击"确定"，如图1-8所示。

（10）在图1-9所示的界面，点击"全选"后点击"更新"。

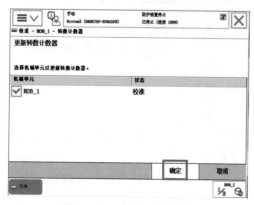

图1-8　点击"确定"

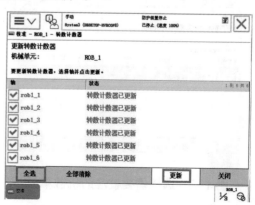

图1-9　选择需要"更新"的轴

（11）在弹出的对话框中点击"更新"，如图1-10所示。

（12）等待工业机器人系统完成更新工作，如图1-11所示。当界面上显示"转数计数器更新已成功完成"时，点击"确定"，完成转数计数器的更新。

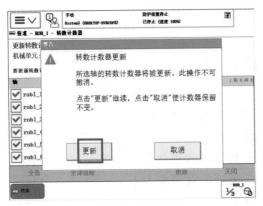

图1-10　点击"更新"

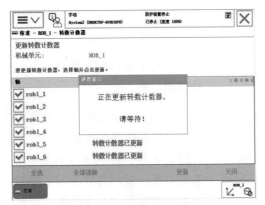

图1-11　等待更新完成

 任务评价

任务评价表见表1-1，活动过程评价表见表1-2。

表1-1　任务评价表

评价项目	比例	配分	序号	评价要素	评分标准	自评	教师评价
6S职业素养	30%	30分	1	选用适合的工具实施任务，清理无须使用的工具	未执行扣6分		
			2	合理布置任务所需使用的工具，明确标志	未执行扣6分		
			3	清除工作场所内的脏污，发现设备异常立即记录并处理	未执行扣6分		
			4	规范操作，杜绝安全事故，确保任务实施质量	未执行扣6分		
			5	具有团队意识，小组成员分工协作，共同高质量完成任务	未执行扣6分		
转数计数器更新	70%	70分	1	能判断工业机器人需要零点校对的状况	未掌握扣20分		
			2	能够操纵工业机器人进行六个关节轴对齐同步标记	未掌握扣15分		
			3	会查找转数计数器的校准参数	未掌握扣15分		
			4	能够完成转数计数器的更新	未掌握扣20分		
合计							

表1-2 活动过程评价表

评价指标	评价要素	分数	分数评定
信息检索	能有效利用网络资源、工作手册查找有效信息；能用自己的语言有条理地去解释、表述所学知识；能将查找到的信息有效转换到工作中	10	
感知工作	是否熟悉各自的工作岗位，认同工作价值；在工作中，是否获得满足感	10	
参与状态	与教师、同学之间是否相互尊重、理解、平等；与教师、同学之间是否能够保持多向、丰富、适宜的信息交流。 探究学习、自主学习不流于形式，处理好合作学习和独立思考的关系，做到有效学习；能提出有意义的问题或能发表个人见解；能按要求正确操作；能够倾听、协作分享	20	
学习方法	工作计划、操作技能是否符合规范要求；是否获得了进一步发展的能力	10	
工作过程	遵守管理规程，操作过程符合现场管理要求；平时上课的出勤情况和每天完成工作任务情况；善于多角度思考问题，能主动发现、提出有价值的问题	15	
思维状态	是否能发现问题、提出问题、分析问题、解决问题	10	
自评反馈	按时按质完成工作任务；较好地掌握了专业知识点；具有较强的信息分析能力和理解能力；具有较为全面严谨的思维能力并能条理明晰表述成文	25	
总分		100	

任务 1.2　工业机器人调试

任务描述

某工业机器人工作站已完成工业机器人系统的安装，接下来需要对安装完成的工业机器人进行初步的试运行，测试工业机器人6个关节轴，观察工业机器人各个关节轴运行是否顺畅、运行过程中是否有异响、各个轴是否能够达到工业机器人工作范围的极限位置附近，为后续工业机器人编程示教的过程做好预检和准备。

任务目标

1. 能够对工业机器人进行初步的试运行。

2. 观察工业机器人各个关节轴运行是否顺畅、运行过程中是否有异响、各个轴是否能够达到工业机器人工作范围的极限位置附近。

3.能够调整工业机器人的运行速度参数。

所需工具

安全操作指导书。

学时安排

建议学时共 4 学时，其中相关知识学习建议 2 学时，学员练习建议 2 学时。

工作流程

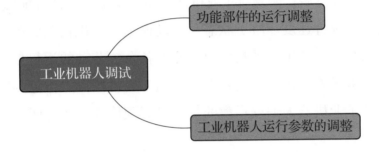

知识储备

工业机器人手动运行的快捷设置菜单按钮如图 1-12 所示，位于示教器界面的右下角，点击"快捷设置菜单"按钮可以弹出快捷设置菜单，工业机器人操作时使用快捷设置菜单可以方便快速地对手动运行状态下的常用参数进行修改和设置。

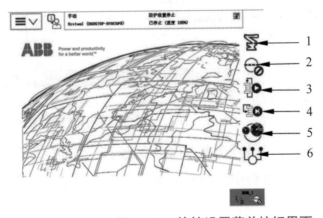

图 1-12　快捷设置菜单按钮界面

1—手动操纵；2—增量；3—运行模式；4—步进模式；5—速度；6—停止 / 启动任务

（1）手动操纵：点击"手动操纵"按钮，可以对工业机器人、坐标系（如工具坐标系、基坐标系、工件坐标系等）、增量的大小、杆速率，以及运动方式进行修改和设置。

（2）增量：点击"增量"按钮可修改增量的大小，自定义增量的数值大小，以及控制增量的开 / 关。

（3）运行模式：设置例行程序运行的运行方式，分别为单周 / 连续。

（4）步进模式：设置例行程序及指令的执行方式，分别为步进入、步进出、跳过和下一移动指令。

（5）速度：设置工业机器人的运行速度。

（6）停止 / 启动任务：要停止和启动的任务（多工业机器人协作处理任务时）。

任务实施

1. 功能部件的运行调整

在安装完工业机器人之后，需要对工业机器人整体功能部件的性能做一次初步的试运行测试，首先在低速（操纵杆速度 30%）状态下手动操纵工业机器人做单轴运动，测试工业机器人 6 个关节轴，观察工业机器人各个关节轴的运行是否顺畅、运行过程中是否有异响、各个轴是否能够达到工业机器人工作范围的极限位置附近，为后续工业机器人编程示教的过程做好预检和准备，调试各个轴的操作步骤如下。

工业机器人功能部件的试运行

（1）在低速（操纵杆速度 30%）状态下，手动操纵工业机器人的一轴，观察一轴的转动是否顺畅、运行过程中是否有异响、观察一轴是否能到达工作范围的极限位置附近。

注意：在测试过程中，注意工业机器人不要和工作台上的其他设备发生碰撞。

（2）在手动测试一轴运行的过程中，当接近一轴极限位置时，出于安全保护的原因，示教器界面中会出现安全报警信息，提醒一轴即将超出工作范围，此时需要操纵一轴朝反方向运动，解除此报警信息，如图 1-13 所示。

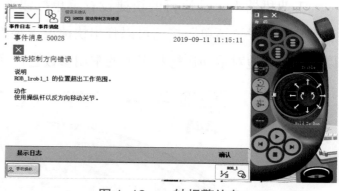

图 1-13 一轴报警信息

（3）参照前面的方法，在低速（操纵杆速度 30%）状态下，手动操纵工业机器人的关节轴，观察关节轴转动是否顺畅、运行过程中是否有异响、是否能到达工作范围参数中描述的极限位置附近。

注意：在测试过程中，注意工业机器人不要和工作台上的其他设备发生碰撞。

2. 工业机器人运行参数的调整

1）设置操作杆速率

设置操作杆速率的操作步骤如下。

（1）按照图示，点击示教器界面右下角的"手动运行快捷设置菜单"按钮。

（2）点击图示右上角"手动操纵"按钮，如图 1-14 所示。

（3）点击图示框内的"显示详情"，如图 1-15 所示。

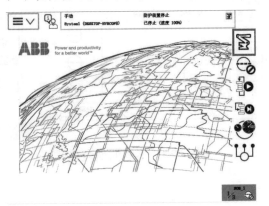

图 1-14　点击"手动操纵"按钮

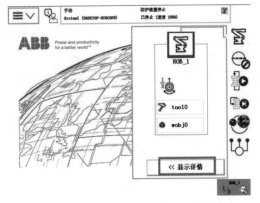

图 1-15　点击"显示详情"

（4）"显示详情"展开菜单界面，左下角位置框内显示为"操纵杆速率"，如图 1-16 所示。点击"+""-"号可以加快/减慢操纵杆速率。

2）使用增量模式调整步进速度

使用增量模式调整步进速度的操作步骤如下。

（1）点击示教器界面右下角的"手动运行快捷设置菜单"按钮。

（2）点击框出的"增量"按钮，如图 1-17 所示。

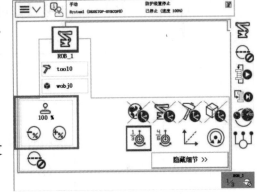

图 1-16　"操纵杆速率"

（3）按照图示，点击增量菜单中的"显示值"展开界面，如图 1-18 所示。

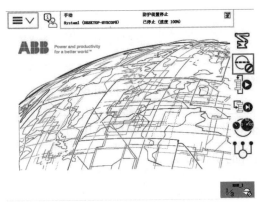

图 1-17　点击"增量"

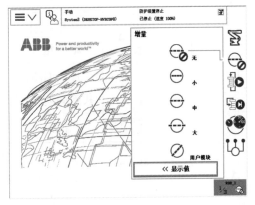

图 1-18　点击"显示值"

（4）"显示值"展开界面如图 1-19 所示，可以看到增量的数值大小和单位。

（5）不同的增量模式，增量的值也会随之变化；选择的单位改变，增量数值的单位也随之改变，图示为"增量小"的模式状态，如图 1-20 所示。在工业机器人操作中，可以选择不同的增量大小，设置工业机器人的步进速度。增量越大，工业机器人的单步运行幅度越大；反之，则单步运行幅度就越小。

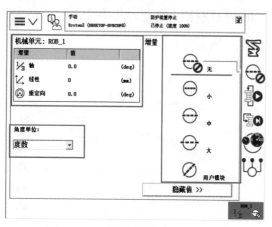

图 1-19　增量数值大小和单位

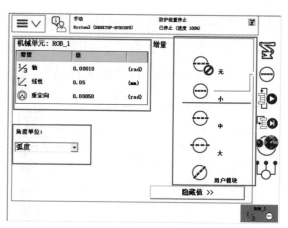

图 1-20　不同的增量模式

 **任务评价**

任务评价表见表 1-3，活动过程评价表见表 1-4。

表 1-3　任务评价表

评价项目	比例	配分	序号	评价要素	评分标准	自评	教师评价
6S职业素养	30%	30分	1	选用适合的工具实施任务，清理无须使用的工具	未执行扣6分		
			2	合理布置任务所需使用的工具，明确标志	未执行扣6分		
			3	清除工作场所内的脏污，发现设备异常立即记录并处理	未执行扣6分		
			4	规范操作，杜绝安全事故，确保任务实施质量	未执行扣6分		
			5	具有团队意识，小组成员分工协作，共同高质量完成任务	未执行扣6分		
工业机器人调试	70%	70分	1	掌握手动运行下的运行模式及特点	未掌握扣10分		
			2	掌握工业机器人手动运行的快捷设置菜单中的按钮功能	未掌握扣15分		
			3	能够完成功能部件的运行调整	未掌握扣15分		
			4	能够在手动运行快捷设置菜单中设置操纵杆速率	未掌握扣15分		
			5	能够使用示教器，在手动运行快捷设置菜单中使用增量模式调整步进速度	未掌握扣15分		
合计							

表 1-4 活动过程评价表

评价指标	评价要素	分数	分数评定
信息检索	能有效利用网络资源、工作手册查找有效信息；能用自己的语言有条理地去解释、表述所学知识；能将查找到的信息有效转换到工作中	10	
感知工作	是否熟悉各自的工作岗位，认同工作价值；在工作中，是否获得满足感	10	
参与状态	与教师、同学之间是否相互尊重、理解、平等；与教师、同学之间是否能够保持多向、丰富、适宜的信息交流。 探究学习、自主学习不流于形式，处理好合作学习和独立思考的关系，做到有效学习；能提出有意义的问题或能发表个人见解；能按要求正确操作；能够倾听、协作分享	20	
学习方法	工作计划、操作技能是否符合规范要求；是否获得了进一步发展的能力	10	
工作过程	遵守管理规程，操作过程符合现场管理要求；平时上课的出勤情况和每天完成工作任务情况；善于多角度思考问题，能主动发现、提出有价值的问题	15	
思维状态	是否能发现问题、提出问题、分析问题、解决问题	10	
自评反馈	按时按质完成工作任务；较好地掌握了专业知识点；具有较强的信息分析能力和理解能力；具有较为全面严谨的思维能力并能条理明晰表述成文	25	
总分		100	

项目知识测评

1. 单选题

（1）通常情况下，ABB IRB 120 工业机器人 6 个关节轴进行回机械零点操作时，各关节轴的调整顺序依次为（　　）。

A. 轴 6—1—3—4—5—6
B. 轴 3—2—1—4—5—6
C. 轴 1—2—3—4—5—6
D. 轴 4—5—6—3—2—1

（2）ABB 工业机器人的零点信息数据存储在（　　）上，数据需供电才能保持保存，一旦串行测量板掉电后数据会丢失。

A. 本体串行测量板
B. 本体并行测量板
C. 轴计算机
D. DSQC 652 I/O 板

（3）操纵 ABB IRB 120 工业机器人对齐 1 轴同步标记时，运动模式需要选择（　　）。

A. 线性
B. 重定位
C. 轴 4—6
D. 轴 1—3

2. 多选题

（1）在遇到下列哪些情况时，需要进行 ABB 工业机器人转数计数器更新操作？（　　）

A. 当系统报警提示"10036 转数计数器未更新"时。

B. 当转数计数器发生故障，完成修复后。

C. 在转数计数器与测量板之间断开过之后。

D. 当工业机器人运行到奇点位置时。

（2）ABB 工业机器人示教器中的增量模式包含的移动幅度选项有（　　）。

A. 小　　　　　　　B. 中　　　　　　　C. 大　　　　　　　D. 以上都不是

3. 判断题

（1）在手动测试一轴运行的过程中，当接近一轴极限位置时，出于安全保护的原因，示教器界面中会出现安全报警信息，提醒一轴即将超出工作范围，此时需要操纵一轴朝反方向运动，解除此报警信息。（　　）

（2）默认模式时，手动操纵杆的拨动幅度越小，则工业机器人的运动速度越快。（　　）

（3）在安装完工业机器人之后，一般需要对工业机器人整体功能部件的性能做一次初步的试运行测试。（　　）

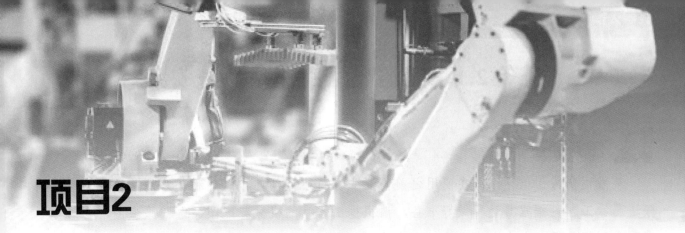

项目2
工业机器人搬运码垛操作与编程

 项目导言

本项目围绕工业机器人操作与运维岗位职责和企业实际生产中的工业机器人操作与运维工作内容，就工业机器人搬运码垛工作站系统的安装方法、搬运码垛工作站电气系统编程与调试的方法，以及搬运码垛工作站编程与运行的过程进行了详细的介绍，并设置了丰富的实训任务，使学生通过实操进一步掌握工业机器人搬运码垛工作站的操作与编程。

项目目标

1. 培养能进行搬运码垛工作站系统安装的能力。
2. 培养对搬运码垛工作站电气系统调试的技能。
3. 培养在搬运码垛工作站内编程并运行测试的能力。

```
                                        ┌─────────────────────────────┐
                                        │  搬运码垛工作站系统安装        │
                                        └─────────────────────────────┘
┌──────────────────────────┐            ┌─────────────────────────────────────┐
│ 工业机器人搬运码垛操作与编程 │────────────│ 搬运码垛工作站电气系统编程与调试        │
└──────────────────────────┘            └─────────────────────────────────────┘
                                        ┌─────────────────────────────┐
                                        │  搬运码垛工作站编程与运行      │
                                        └─────────────────────────────┘
```

任务 2.1　搬运码垛工作站系统安装

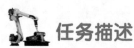 **任务描述**

某搬运码垛工作站系统在使用之前需要先进行机械部件、电气和气路的连接，为后续的搬运码垛工作站编程与运行做好准备，请根据工作站的机械装配图、电气原理图、气路接线图和实训指导手册完成搬运码垛工作站系统安装。

 **任务目标**

1. 能根据工作站的机械装配图完成搬运码垛工作站机械部分的安装。
2. 能根据电气原理图完成搬运码垛工作站电气的接线。
3. 能根据气路接线图完成搬运码垛工作站气路的连接。

 **所需工具**

内六角扳手套组、卷尺、游标卡尺、一字螺丝刀、十字螺丝刀、万用表、安全操作指导书。

 **学时安排**

建议学时共 4 学时，其中相关知识学习建议 2 学时，学员练习建议 2 学时。

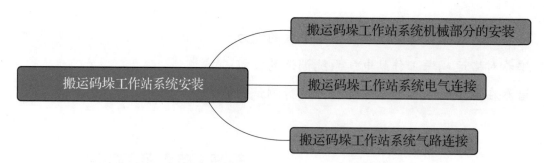 **工作流程**

搬运码垛工作站系统安装
- 搬运码垛工作站系统机械部分的安装
- 搬运码垛工作站系统电气连接
- 搬运码垛工作站系统气路连接

 知识储备

搬运码垛工作站系统包括工业机器人系统（工业机器人本体和控制柜）、工具单元、搬运码垛单元、智能仓储料架，PLC 总控单元。

PLC 总控单元用于控制搬运码垛工艺流程的启动；工具单元存放有执行码垛工艺时工业机器人使用的夹爪工具；智能仓储料架存放有工业机器人需要拾取的码垛物料块；搬运码垛单元带有物料码放工位，物料码放的 1 号工位和 2 号工位的位置如图 2-1 所示。

图 2-1　搬运码垛单元物料码放工位示意图

在规划 PLC 总控单元的安装位置时，应考虑留出足够的空隙以方便接线，如图 2-2 所示。

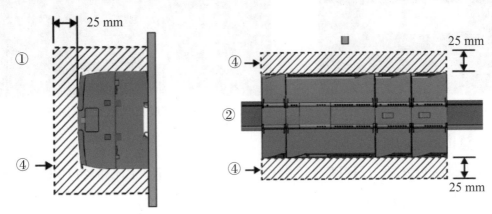

图 2-2　PLC 总控单元安装时的间隙要求

任务实施

1. 搬运码垛工作站系统机械部分的安装

在本小节任务中，需要完成搬运码垛工作站系统机械部分的安装，具体步骤如下。

1）搬运码垛工作站系统机械安装

（1）根据工作站机械布局图，使用卷尺测量出工业机器人本体底板、搬运码垛单元、工具单元、智能仓储料架的安装位置并在工作站台面上的相应位置做好标记。

（2）完成工业机器人本体机械安装，如图 2-3 所示。

（3）完成控制柜、示教器的安装与接线。

（4）完成搬运码垛单元的机械安装，如图 2-4 所示。

图 2-3　完成工业机器人本体机械安装

图 2-4　搬运码垛单元的机械安装

（5）将4个M5内六角螺钉、弹簧垫圈、平垫圈、T形螺母先装到智能仓储料架的4个固定孔位上，并将智能仓储料架整体放置到已经测量出的台面安装位置上。

（6）使用规格为4 mm的内六角扳手锁紧螺钉，固定单元底板，考虑到受力平衡，锁紧时需要采用十字对角的顺序锁紧螺钉，完成智能仓储料架的机械安装，保证圆弧形仓储料架的初始位置靠近工作站台面的边缘，如图2-5所示。

（7）参考智能仓储料架的机械安装方法完成工具单元的机械安装，如图2-6所示。

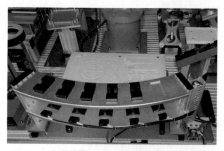

图2-5　智能仓储料架的机械安装

图2-6　完成工具单元的机械安装

2）PLC总控单元的机械安装

（1）首先安装PLC CPU 1214FC，拉出CPU下方的导轨卡夹以便能将CPU安装到导轨上，向下转动CPU使其在导轨上就位。

（2）推入卡夹将CPU锁定到导轨上。

（3）然后安装CPU右侧的SM 1223数字量输入输出模块，将螺丝刀插入盖上方的插槽中，将其上方的盖轻轻撬出并卸下盖，卸下CPU右侧的连接器盖，如图2-7所示。

图2-7　卸下CPU右侧的连接器盖

（4）将SM信号模块挂到导轨上方，拉出下方的导轨卡夹以便将SM信号模块安装到导轨上，向下转动CPU旁的SM信号模块使其就位并推入下方的卡夹将SM信号模块锁定到导轨上，如图2-8所示。

（5）将螺丝刀放到SM信号模块上方的小接头旁，将小接头滑到最左侧，使总线连接器伸到CPU中，如图2-9所示。参考上述步骤的方法完成其余模块的安装。

图2-8　将SM信号模块锁定到导轨上

图2-9　使总线连接器伸到CPU中

2. 搬运码垛工作站系统电气连接

（1）在工作站断电情况下，连接搬运码垛工作站系统的电缆航空插头和插座，连接时对准插针和插座孔，注意不要损坏插针，保证插头插紧并且锁紧插头，如图2-10所示。

（2）将工业机器人控制柜、空气压缩机、散热风扇的电源插头插到插座上。

（3）将工作站的主电源插头插到插座上，工作站电气系统连接完成。

图2-10　连接搬运码垛工作站系统的电缆航空插头和插座

1）PLC CPU 1214FC DC/DC/DC 的接线

（1）在工作站断电情况下，根据接线图完成给PLC CPU 24 V供电接线，使用小型螺丝刀拧开对应接线插孔上的螺钉，将DC 24 V、DC 0 V、接地线插入对应端口，并旋紧螺钉，如图2-11所示。

（2）根据电路图及接线图，完成公共端DC 0 V及I0.1信号线的接线，如图2-12所示。

图2-11　完成给PLC CPU 24 V供电接线　　　图2-12　完成公共端DC 0 V及I0.1信号线的接线

2）SM 1223 数字量输入输出模块接线

（1）根据接线图完成SM 1223数字量输入输出模块24 V供电接线，如图2-13所示。

（2）根据电路图完成Q 3.7信号线的接线，如图2-14所示。

图2-13　完成数字量输入输出模块24 V供电接线　　　图2-14　完成Q 3.7信号线的接线

（3）根据工作站电路图，查看控制智能仓储料架动作的PLC输入输出信号接线，完成控制智能仓储料架动作部分的信号线接线，如图2-15、图2-16所示。

图 2-15　智能仓储料架动作输入部分接线

图 2-16　智能仓储料架动作输出部分接线

3）故障安全数字量输入信号模块 SM 1226 F-DI 的接线

（1）查看工作站电路图，完成故障安全数字量输入信号模块 SM 1226 F-DI 24 V 供电及信号线接线。

（2）根据电路图完成 24 V 供电线路、VS1、VS2，以及 I24.0、I24.1、I25.0、I25.1 信号线的接线，如图 2-17、图 2-18 所示。

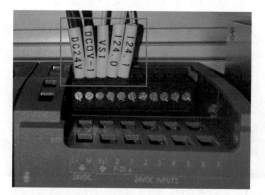

图 2-17　完成 24 V 供电线路、VS1、VS2 的接线

图 2-18　完成 I24.0、I24.1、I25.0、I25.1 信号线的接线

3. 搬运码垛工作站系统气路连接

在本小节任务中需要完成搬运码垛工作站系统的气路连接，通过查看工作站的气路接线图（参见附录 Ⅱ 工作站气路接线图），完成控制快换装置动作，以及控制夹爪工具动作的气路连接、控制智能仓储料架推动气缸动作的气路连接，并对气路连接的正确性进行测试。

1）控制快换装置动作，以及控制夹爪工具动作的气路连接

根据工作站气路图完成控制快换装置动作，以及控制夹爪工具动作的气路连接，其对应电磁阀及工业机器人本体底座处气路接口如图 2-19、图 2-20 所示。

图 2-19　快换装置、夹爪工具对应电磁阀

图 2-20　工业机器人本体底座处气路接口

2）控制智能仓储料架推动气缸动作的气路连接

（1）推动气缸电磁阀与推动气缸两端调速阀之间的气路已内部集成，查看工作站气路图，需要连接手滑阀与推动气缸电磁阀进气口的气路。

（2）截取适当长度的气管，连接推动气缸电磁阀与手滑阀，如图 2-21 所示。

（3）连接完成后整理气路并盖上线槽盖板，如图 2-22 所示。

图 2-21　连接推动气缸电磁阀与手滑阀

图 2-22　整理气路并盖上线槽盖板

3）控制智能仓储料架推动气缸动作的气路连接测试

（1）通过按压控制智能仓储料架气缸动作的电磁阀上的手动调试按钮，测试智能仓储料架是否能随着气缸进行移动。

（2）智能仓储料架两端带有机械硬限位，保证其能在一定范围内移动，如图 2-23 所示。

（3）由于松开手动调试按钮后，智能仓储料架会向反方向移动，因此测试时务必注意手部的安全，避免与智能仓储料架发生碰撞。

智能仓储料架推动气缸的气路连接

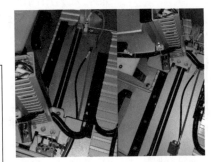

图 2-23　仓储料架的机械硬限位

 **任务评价**

任务评价表见表 2-1，活动过程评价表见表 2-2。

表 2-1　任务评价表

评价项目	比例	配分	序号	评价要素	评分标准	自评	教师评价
6S职业素养	30%	30分	1	选用适合的工具实施任务，清理无须使用的工具	未执行扣 6 分		
			2	合理布置任务所需使用的工具，明确标志	未执行扣 6 分		
			3	清除工作场所内的脏污，发现设备异常立即记录并处理	未执行扣 6 分		
			4	规范操作，杜绝安全事故，确保任务实施质量	未执行扣 6 分		
			5	具有团队意识，小组成员分工协作，共同高质量完成任务	未执行扣 6 分		

续表

评价项目	比例	配分	序号	评价要素	评分标准	自评	教师评价
搬运码垛工作站系统安装	70%	70分	1	能完成搬运码垛工作站系统机械部分的安装	未掌握扣10分		
			2	能完成搬运码垛工作站系统电气连接	未掌握扣20分		
			3	能完成搬运码垛工作站系统气路连接	未掌握扣20分		
			4	能够进行气路连接准确性测试	未掌握扣20分		
合计							

表 2-2　活动过程评价表

评价指标	评价要素	分数	分数评定
信息检索	能有效利用网络资源、工作手册查找有效信息；能用自己的语言有条理地去解释、表述所学知识；能将查找到的信息有效转换到工作中	10	
感知工作	是否熟悉各自的工作岗位，认同工作价值；在工作中，是否获得满足感	10	
参与状态	与教师、同学之间是否相互尊重、理解、平等；与教师、同学之间是否能够保持多向、丰富、适宜的信息交流。 探究学习、自主学习不流于形式，处理好合作学习和独立思考的关系，做到有效学习；能提出有意义的问题或能发表个人见解；能按要求正确操作；能够倾听、协作分享	20	
学习方法	工作计划、操作技能是否符合规范要求；是否获得了进一步发展的能力	10	
工作过程	遵守管理规程，操作过程符合现场管理要求；平时上课的出勤情况和每天完成工作任务情况；善于多角度思考问题，能主动发现、提出有价值的问题	15	
思维状态	是否能发现问题、提出问题、分析问题、解决问题	10	
自评反馈	按时按质完成工作任务；较好地掌握了专业知识点；具有较强的信息分析能力和理解能力；具有较为全面严谨的思维能力并能条理明晰表述成文	25	
总分		100	

任务 2.2　搬运码垛工作站电气系统编程与调试

任务描述

某搬运码垛工作站的工业机器人与故障安全型 PLC 进行通信实现搬运码垛，请根据实际需求进行搬运码垛工作站 PLC 程序的编写，并根据实训指导手册完成工业机器人信号的配置和搬运码垛工作站电气系统的调试。

任务目标

1. 了解故障安全型 PLC 的应用。
2. 根据操作步骤完成 PLC 编程软件的安装。
3. 根据操作步骤完成 PLC 程序的编写和下载。
4. 根据操作步骤完成工业机器人信号的配置。
5. 根据操作步骤完成搬运码垛工作站电气系统的调试。

所需工具

安全操作指导书、示教器、触摸屏用笔、计算机。

学时安排

建议学时共 8 学时，其中相关知识学习建议 1 学时，学员练习建议 7 学时。

工作流程

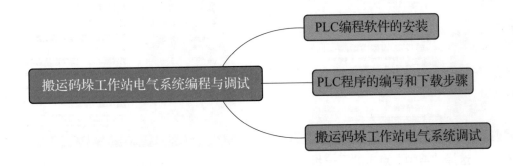

任务实施

1. PLC 编程软件的安装

全集成自动化软件 TIA portal 是西门子工业自动化集团发布的一款全集成自动化软件（简称博途软件）。它是业内首个采用统一的工程组态和软件项目环境的自动化软件，几乎适用于所有自动化任务。用户可借助该工程技术软件平台，快速、直观地开发和调试自动化系统。搬运码垛工作站使用的是故障安全型的 PLC，对该 PLC 进行编程除了需要使用到博途软件之外，还需安装故障安全系统编程软件（插件）。

（1）打开博途软件包的文件夹，找到"Start"文件并双击。弹出正在初始化的画面，等待初始化完成。

（2）选择安装语言"中文"，点击"下一步"，如图 2-24 所示。

（3）确认产品语言是"中文"，点击"下一步"，如图 2-25 所示。

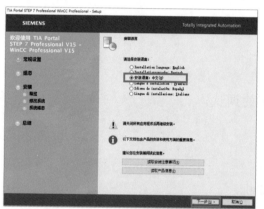
图 2-24　选择"中文"点击"下一步"

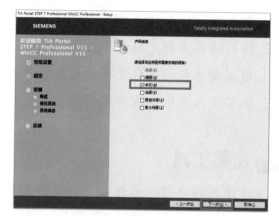
图 2-25　点击"下一步"

（4）选择"典型"并在完成安装目录的设定后，点击"下一步"，如图 2-26 所示。

（5）勾选条款，点击"下一步"，如图 2-27 所示。

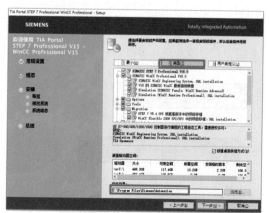
图 2-26　选择"典型"点击"下一步"

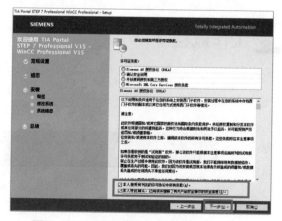
图 2-27　勾选条款，点击"下一步"

（6）勾选权限设置，点击"下一步"，如图 2-28 所示。

（7）点击"安装"，如图 2-29 所示。

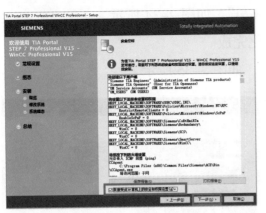

图 2-28　勾选权限设置，点击"下一步"

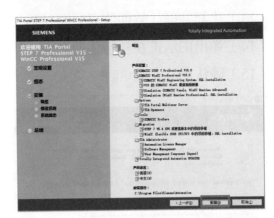

图 2-29　点击"安装"

（8）软件开始安装。如果跳过许可密钥传送，稍后可通过 Automation License Manager 进行注册。安装后，将收到一条消息，指示安装是否成功。

（9）安装结束，点击"重新启动"，重启计算机，完成安装。如果计算机未重启，则点击"退出"（Exit）。到此完成博途软件的安装，如图 2-30 所示。

（10）故障安全型 PLC 与标准型 PLC 的编程环境不同，还需安装故障安全系统编程软件（插件）。在博途软件包的文件夹中，找到如图 2-31 所示的故障安全系统编程软件的安装文件并双击。

图 2-30　点击"重新启动"

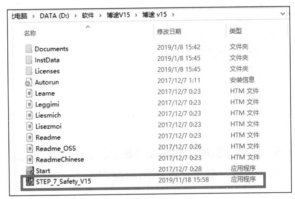

图 2-31　故障安全系统编程软件的安装文件

（11）点击"Next"，如图 2-32 所示。

（12）选择安装语言"English"，点击"Next"，如图 2-33 所示。

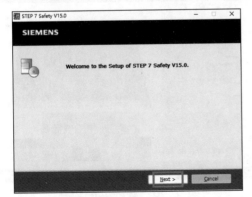

图 2-32　点击"Next"

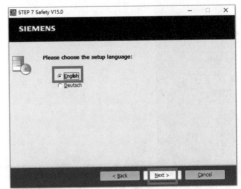

图 2-33　选择安装语言"English"，点击"Next"

（13）选择并确认软件的安装路径后，点击"Next"，如图 2-34 所示。

（14）弹出图示正在初始化的画面，等待初始化完成。

（15）确认产品安装语言是英文，点击"Next"，如图 2-35 所示。

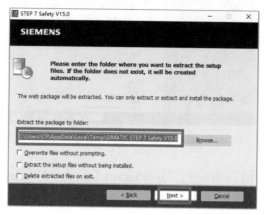

图 2-34　选择并确认软件的安装路径

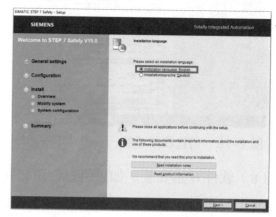

图 2-35　确认安装语言是英文

（16）在弹出的图示画面中点击"Next"，如图 2-36 所示。

（17）勾选条款，点击"Next"，如图 2-37 所示。

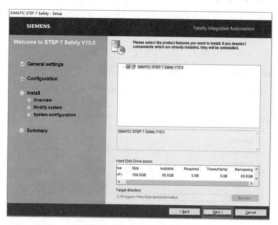

图 2-36　在弹出的图示画面中点击"Next"

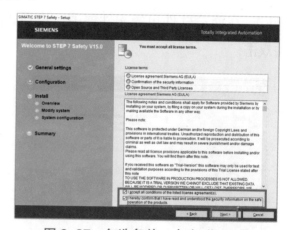

图 2-37　勾选条款，点击"Next"

（18）点击"Install"（安装），如图 2-38 所示。

（19）软件开始安装，如图 2-39 所示。

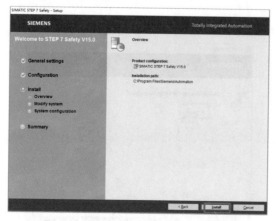

图 2-38　点击"Install"（安装）

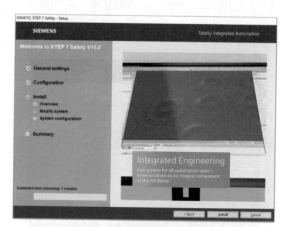

图 2-39　软件开始安装

（20）在没有许可密钥时，选择图示选项，跳过许可密钥传送，进行软件的试用。有许可密钥时，可通过"Manual License transfer"和"Retry License transfer"选项完成密钥的传送，如图2-40所示。

（21）安装结束，点击"Finish"，如图2-41所示。

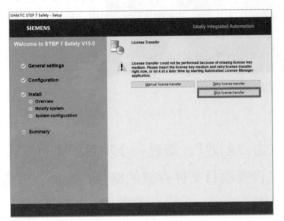

图2-40　没有许可密钥时如图点击"跳过"

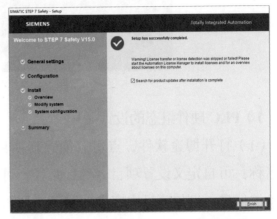

图2-41　安装结束，点击"Finish"

（22）点击"Finish"，完成故障安全系统编程软件的安装，如图2-42所示。

2. PLC程序的编写和下载步骤

在搬运码垛工作站中，需要设定PLC端的输入输出，实现外部设备状态变化触发PLC对应信号状态的变化，从而改变与PLC信号相关联工业机器人数字量输入信号"FrPDigStart"状态变化，进而控制工业机器人开始进行码垛物料块的搬运和码垛。搬运码垛工作站中所涉及的PLC端的输入输出见表2-3。

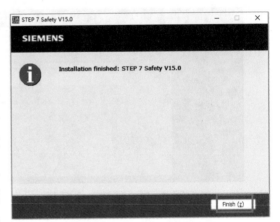

图2-42　点击"Finish"

表2-3　搬运码垛工作站中PLC端的输入输出

硬件设备	端口号	名称	对应设备
PLC的输入			
CPU 1214FC DC/DC/DC	1	I0.1	手动/自动旋钮
PLC的输出			
SM 1223 DC_1	7	Q3.7	标准I/O板 DSQC 652
	6	Q3.6	

注意：搬运码垛工作站已根据电气图纸，完成了所有通信的硬件接线。

该外部设备如图2-43所示，当旋钮处于"手动"状态时，FrPDigStart的值为0；当旋钮处于"自动"状态时，FrPDigStart的值为1，表示工作站准备就绪，可以启动物料块搬运码垛流程。编写PLC程序，实现外部设备通过PLC进行信息中转，间接与工业机器人通信，控制搬运码垛程序的启动。

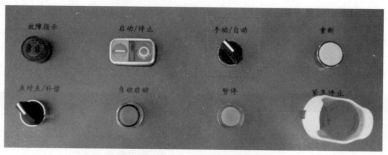

图 2-43   搬运码垛启动开关

1）PLC 硬件组态的设计

（1）打开博途软件，点击"创建新项目"。点击"创建"，新建一个项目"项目 1"。项目名称：可自定义设置项目名称；路径：可自定义设置项目文件存放的路径；注释：可自定义备注信息，例如项目内容和功能等，如图 2-44 所示。

（2）点击"组态设备"，如图 2-45 所示。

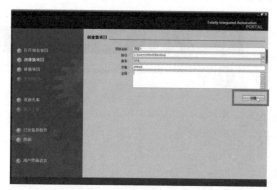

图 2-44   新建一个项目

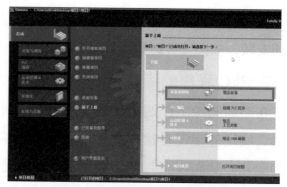

图 2-45   点击"组态设备"

（3）点击"添加新设备"，如图 2-46 所示。

（4）在控制器选项下，选择对应搬运码垛工作站的 PLC 系列，以及 CPU 的型号，点击"添加新设备"完成设备的添加。选择 S7-1200 系列下的 CPU 1214FC DC/DC/DC，如图 2-47 所示。

图 2-46   点击"添加新设备"

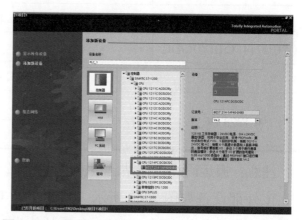

图 2-47   选择对应搬运码垛工作站的 PLC 系列以及 CPU 的型号

（5）CPU 型号的版本号，选择与工作站所用 PLC 设备所匹配的版本。选择版本"V4.1"，点击"添加"，如图 2-48 所示。

（6）CPU 添加完成后，打开设备视图。然后添加对应搬运码垛工作站的 PLC 设备的 I/O 模块，进行该工作站 PLC 设备硬件组态的设计。搬运码垛工作站 PLC 设备的 I/O 模块，如图 2-49 所示。

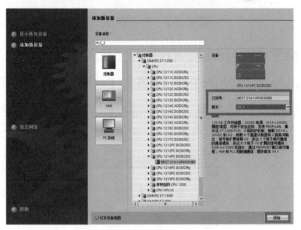

图 2-48　选择与工作站所用 PLC 设备
所匹配的版本

图 2-49　对应搬运码垛工作站的
PLC 设备的 I/O 模块

（7）该 PLC 设备的 I/O 模块的订货号（223-1BL32-OXBO），如图 2-50 所示。

（8）在"硬件目录"下，添加对应搬运码垛工作站的 PLC 设备的 I/O 模块，完成该工作站 PLC 设备硬件组态的设计。点开"DI/DQ"，选择"6ES7 223-1BL32-OXBO"的 I/O 模块，将其拖动到设备视图的 CPU 后，如图 2-51 所示。

图 2-50　PLC 设备 I/O 模块的订货号

图 2-51　在"硬件目录"下添加对应模块

（9）完成工作站 PLC 设备硬件组态 I/O 模块的添加，如图 2-52 所示。

（10）搬运码垛工作站使用故障安全型 PLC 设备，其硬件组态还包含一个 F-I/O 模块，如图 2-53 所示。

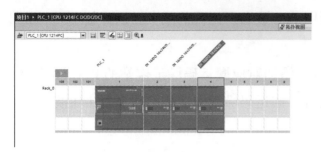

图 2-52　PLC 设备硬件组态 I/O 模块

图 2-53　F-I/O 模块

（11）该 PLC 设备的 F-I/O 模块的订货号（6ES7 226-6BA32-0XB0），如图 2-54 所示。

（12）在"硬件目录"下，添加对应搬运码垛工作站的 PLC 设备的 F-I/O 模块。点开"DI"，选择"6ES7 226-6BA32-0XB0"的 F-I/O 模块，将其拖动到设备视图的 PLC 组态中，如图 2-55 所示。

图 2-54　PLC 设备 F-I/O 模块的订货号

图 2-55　添加对应搬运码垛工作站 PLC 设备的 F-I/O 模块

（13）若在添加 F-I/O 模块时，弹出图示对话框，选中"STEP 7 Safety Advanced"，点击"激活"，即可添加并使用 F-I/O 模块，如图 2-56 所示。

（14）完成工作站对应 PLC 设备硬件组态的 I/O 模块的添加。

（15）搬运码垛工作站 PLC 设备是故障安全型的，故完成硬件设备添加后，还需对组态设备中的 CPU 进行设置。双击组态中的 CPU，依次进入常规—Fail-safe，完成图 2-57 所示的"F-parameters"设置。

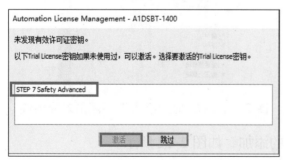

图 2-56　选中"STEP 7 Safety Advanced"，点击"激活"

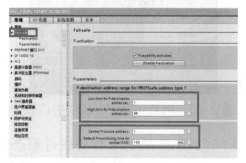

图 2-57　对组态设备中的 CPU 进行设置

（16）进入常规—防护与安全，完成图 2-58 所示的设置。

（17）识读电气图纸，完成 PLC 设备硬件组态（CPU+I/O 模块）的 I/O 地址的设置。搬运码垛工作站 PLC 设备 CPU 地址分布为 I0.0-I0.7、I1.0-I1.7、Q0.0-Q0.7、Q1.0-Q1.1。CPU 对应的 I/O 地址的起始地址值和结束地址值，如图 2-59 所示。

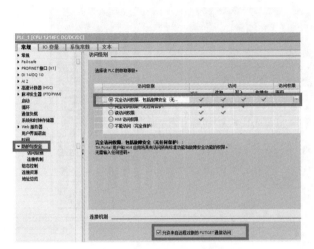

图 2-58　进入常规—防护与安全

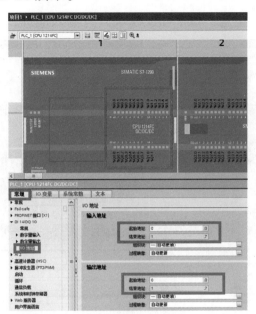

图 2-59　PLC 设备硬件组态（CPU+I/O 模块）的 I/O 地址的设置

（18）搬运码垛工作站 PLC 设备标准 I/O 模块对应的 I/O 地址，如图 2-60 所示。以图框所示的 I/O 模块为例，介绍 I/O 地址的设置方法。

（19）双击框示的标准 I/O 模块，在"常规"菜单下点开"DI 16/DQ 16"，并点击"I/O 地址"。所需设置标准 I/O 模块的地址分布为 I2.0-I2.7、I3.0-I3.7、Q2.0-Q2.7、Q3.0-Q3.7。故将该标准 I/O 模块的输入地址和输出地址的起始地址值设定为 2，结束地址值将自动更新为 3，如图 2-61 所示。

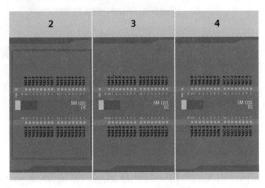

图 2-60　PLC 设备标准 I/O 模块对应的 I/O 地址

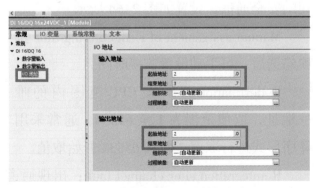

图 2-61　设置标准 I/O 模块的地址

（20）参照上述 I/O 地址设置的方法，完成搬运码垛工作站 PLC 设备硬件组态中各 I/O 模块的 I/O 地址的设置。如图 2-62 所示的所需设置标准 I/O 模块的地址分布为 I4.0-I4.7、I5.0-I5.7、Q4.0-Q4.7、Q5.0-Q5.7。故该标准 I/O 模块输入地址和输出地址的起始地址值是 4，结束地址值是 5。

（21）搬运码垛工作站的 PLC 设备硬件组态包含 F-I/O 模块，故还需进行 I/O 通道和 I/O 地址的设定。参照 I/O 模块的 I/O 地址的设置方法，完成 F-I/O 模块的 I/O 地址的设置，如图 2-63 所示（起始地址值 24，结束地址值 25）。

注意：该 F-I/O 模块只有输入地址，无输出地址。

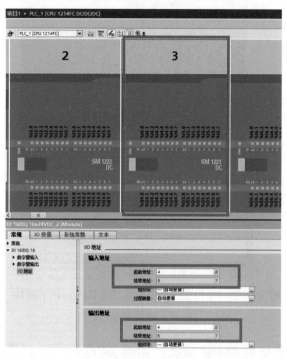

图 2-62 完成工作站 PLC 设备硬件组态中各 I/O 模块的 I/O 地址的设置

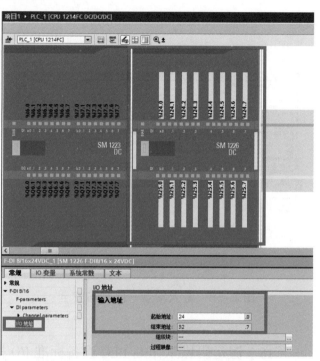

图 2-63 进行 I/O 通道和 I/O 地址的设定

（22）F-I/O 模块参数 "F-parameters" 下，使用看门狗定时器用于监视故障安全 CPU 和故障安全信号模块（F-I/O 模块）之间的安全通信，设置如图 2-64 所示。

Manual assignment of F-monitoring time 选项勾选后，可手动设置监视时间。

F-destination address：CPU 范围内的唯一地址，取值范围为 1 至 65534，通常采用降序形式进行取值，即从 65534 开始取值。

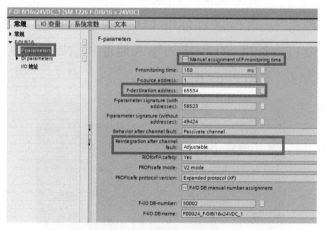

图 2-64 使用定时器

Reintegration after channel fault：出现通道故障后，可以选择三种方式重新集成 F-I/O 模块的通道（All channels automatically，无须确认重新集成；All channels manually，需要确认重新集成；Adjustable，逐通道进行，有些通道自动重新集成，而有些通道则手动重新集成）。

（23）根据 F-I/O 模块的实际硬件接线情况，在参数 "DI-parameters" 下完成通道参数的设置。搬运码垛工作站的 F-I/O 模块仅使用了 4 个输入通道（分别为通道 0、8 和通道 1、9）

连接两个双通道传感器。故通道 0、8 参数设置，如图 2-65 所示。

Sensor evaluation：传感器评估。分为 1oo1 evaluation 和 1oo2 evaluation。1oo1 evaluation 为一个传感器连接到模块的一个通道；1oo2 evaluation F-I/O 模块的两个输入通道连接到两个单通道传感器 / 一个双通道对等传感器 / 一个双通道非对等传感器（必须分配数字量输入连接类型和差异属性）。

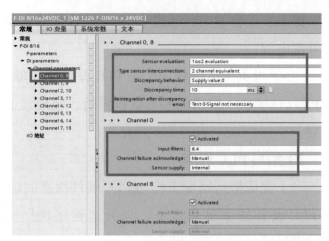

图 2-65 完成通道参数的设置

Type sensor interconnection：传感器连接类型。

Discrepancy behavior：差异行为。输入组态的两个信号间存在逻辑差异。可以选择在信号不匹配时，报告的过程值是应为"0"，还是应为组态的差异时间内的上一个有效值（默认值 supply value 0，即表示输入的逻辑差异持续时间超过了组态的差异时间，则会禁用相应通道并将过程值设为 0 ）。

Discrepancy time：差异时间。

Reintegration after discrepancy error：出现差异错误后的重新集成，默认选择"Test 0-Singal not necessary"。

提示：工作站中，通道 0、8 硬件连接的是紧急停止按钮（双通道对等传感器），所使用的电源是内部电源。一般的无源触点都用内部电源。

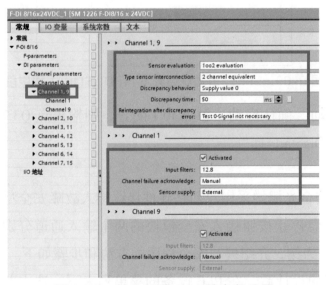

图 2-66 输入通道 1，9 的参数设置

（24）搬运码垛工作站所用输入通道 1、9 的参数设置，如图 2-66 所示。

Input filters：输入滤波器，对数字量输入进行滤波，以滤除触点弹跳现象，以及短时噪声。此参数值用于设定分配滤波持续的时间。

Channel failure acknowledge：通道故障确认。用于控制通道是在清除故障后自动重新集成还是需要在用户程序中进行确认（默认"手动"）。

Sensor supply：传感器电源。指定是通过模块的传感器电源输出（内部）还是通过外部电源（外部）向传感器供应 24 V 电源（对于选择使用外部电源的通道，不进行短路测试即 Short-circuit test ）。

提示：工作站中，通道1、9硬件连接的是安全光栅（双通道对等传感器），使用的电源是外部电源。

（25）根据搬运码垛工作站PLC设备（故障安全型PLC）的实际硬件组态，完成各模块（CPU+I/O模块）的添加和参数设置后，完成该PLC硬件组态的设计，开始进行PLC程序的编写。

2）编写PLC程序

（1）完成搬运码垛工作站PLC硬件组态的设计后，在PLC设备的菜单列表下，点开"程序块"并点击"添加模块"。

（2）选择"函数"后点击"确定"。添加一个函数模块，命名为"搬运码垛"，如图2-67所示。

（3）然后编写图示功能程序段。"确认启动"常开触点与PLC的输入触点I0.1关联，"启动"输出线圈与输出点Q3.7关联，如图2-68所示。

程序释义：当"确认启动"触点闭合，则"启动"输出线圈得电，输出值为1。

图2-67　添加一个函数模块

（4）在程序块列表中点击"Main"，完成图示程序的编写和变量的设定。其中，PLC的输入点I0.1对应连接外部设备启动开关，输出点Q3.7对应连接工业机器人I/O模块的一个输入点，对应信号"FrPDigStart"，如图2-69所示。

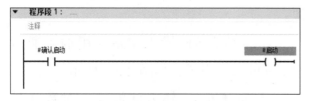

图2-68　启动功能程序段

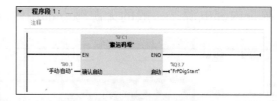

图2-69　手动/自动旋钮触发FrPDigStart=1程序段

程序释义：当手动/自动旋钮转到"自动"确认启动，触点I0.1闭合，则输出点Q3.7的输出值为1，对应工业机器人输入信号FrPDigStart=1。

3）安全程序的编写

在搬运码垛工作站中，紧急停止按钮和安全光栅均采用双回路硬件接线接入故障安全型PLC的安全模块（即F-I/O模块）。其中，紧急停止按钮接入安全模块的两个输入通道分别为I24.0和I25.0。以紧急停止按钮的安全程序为例，介绍编写安全程序的方法和步骤如下。

（1）完成搬运码垛工作站PLC硬件组态的设计后，在PLC设备的菜单列表下，选中并右键"程序块"，点击"新增组"。

（2）输入"安全"，新建一个组用于存放和编写安全程序。然后将图示程序块拖动移至"安全"组，如图2-70所示。

（3）右键单击"安全"并点击"添加新块"，如图 2-71 所示。

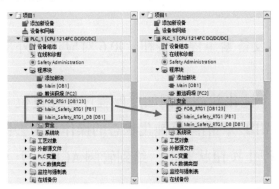

图 2-70　新建一个组用于存放和编写安全程序　　　　图 2-71　添加新块

（4）选择"函数"，并在名称栏输入"安全程序"。然后勾选"Create F-block"并点击"确定"。添加一个带安全属性的 FC 块，如图 2-72 所示。

（5）采用相同的操作方法，选择"数据块"，添加一个名称为"安全"的带安全属性的 DB 块。在该数据块中，新建紧急停止按钮所需的变量。为"安全"DB 块新建的变量数据，如图 2-73 所示。

图 2-72　添加一个带安全属性的 FC 块　　　　图 2-73　添加一个名称为"安全"的
带安全属性的 DB 块

（6）在指令 Safety functions 下，选中"ESTOP1"指令块并拖动到程序段中，如图 2-74 所示。

（7）在弹出的图示对话框中，点击"确定"，如图 2-75 所示。

图 2-74　将指令块拖动到程序段中　　　　图 2-75　点击"确定"

（8）完成"ESTOP1"功能块的添加，如图 2-76 所示。

（9）完成图示程序的编写和变量的设定。

其中，PLC 的输入点 I24.0 对应连接外部设备紧急停止按钮，I0.6 对应连接外部设备重新（复位）按钮。

ESTOP 功能块（如急停程序块）存在一个钝化状态（例如急停程序块在复位"紧急停止"按钮后，"安全".ESTOP 的值不会变为 TURE），消除该钝化状态的操作称为去钝（例如消除急停程序块钝化的操作就是在复位紧急停止按钮状态下，给到管脚 ACK 一个上升沿信号），如图 2-77 所示。

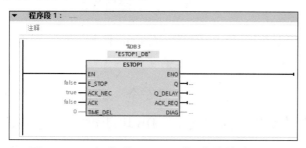

图 2-76 完成"ESTOP1"功能块的添加

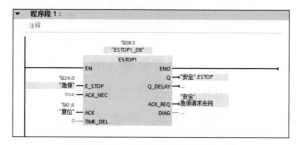

图 2-77 "紧急停止"程序

程序释义：当"紧急停止"按钮按下后（I24.0=FALSE 即断开），"安全".ESTOP 的输出值为 FALSE，ACK_REQ 的输出值为 FALSE；复位"紧急停止"按钮（弹起）后（I24.0=TRUE 即接通），"安全".ESTOP 的值仍为 FALSE，ACK_REQ 的输出值为 TRUE，急停程序块（即图示 DB3）请求去钝。

当按下"重新"按钮后（I0.6=TRUE 即接通），给到急停程序块一个上升沿信号，"安全".ESTOP 的输出值为 TRUE，完成急停程序块（即图示 DB3）的去钝，ACK_REQ 的输出值为 FALSE。

（10）故障安全型的 PLC 的安全程序，都需在"Main_Safety_RTG1"的 FB 块里调用。双击"Main_Safety_RTG1"FB 块，如图 2-78 所示。

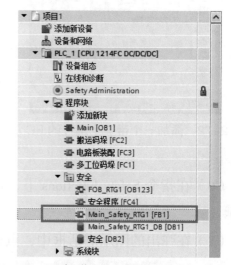

图 2-78 双击"Main_Safety_RTG1"FB 块

（11）将写有紧急停止按钮安全程序的 FC 块，调用至"Main_Safety_RTG1"FB 块中，如图 2-79 所示。

注意：F-I/O 模块的程序（即安全程序）均需在"Main_Safety_RTG1"FB 块中调用。

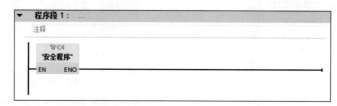

图 2-79 "Main_Safety_RTG1"FB 块中调用安全程序的 FC 块

（12）F-I/O 模块工作状态的数据存储在 F-I/O DB 中。搬运码垛工作站的 F-I/O 模块工作状态的 DB 块和数据，可在程序块的系统块的 F-I/O data blocks 下查看，如图 2-80 所示。

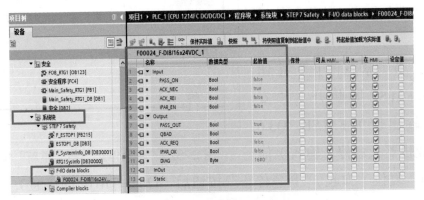

图 2-80　查看状态和数据

（13）F-I/O 模块存在一个钝化问题，模块的钝化会致使 ESTOP 功能块也进入钝化状态（ESTOP 功能块的去钝见步骤9）。可编写如图 2-81 所示的程序，用于消除 F-I/O 模块的钝化状态。

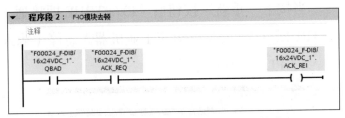

图 2-81　消除 F-I/O 模块的钝化状态

该程序功能：当外部输入通道故障排除以后，置位"ACK_REI"，消除 F-I/O 模块的钝化状态（即完成去钝）。

例如，紧急停止按钮是双回路输入通道（I24.0 和 I25.0），当发生通道故障时，PLC 这边只有一个回路得到了信号，另一个回路没有信号，致使 F-I/O 模块进入钝化状态（F-I/O 模块的 DIAG 指示灯会红色闪烁，该模块禁用且 CPU 报错）。模块进入钝化后，急停程序块的 I24.0 值为 FALSE，"安全".ESTOP 的输出值为 FALSE，则 Q3.6 置位［即工业机器人急停（输入）信号 FrPDigStop=1］。在恢复好紧急停止按钮出现故障的通道后，要想使 PLC 的错误消除，还需消除 F-I/O 模块的钝化状态（去钝）。

程序释义：如果 F-I/O 模块某双回路中的一个回路信号丢失，致使模块进入钝化状态（该模块禁用），此时"F00024_F-DI8/16x24 VDC_1".ACK_REQ 位状态值为 FALSE，"F00024_F-DI8/16x24 VDC_1".ACK_REI 位状态值为 FALSE。

当 F-I/O 模块的故障通道恢复（即各双回路输入通道都有信号给到 PLC）后，"F00024_F-DI8/16x24 VDC_1".ACK_REQ 位状态值变为 TRUE（请求去钝），然后将 CPU 模块从 STOP 转到 RUN，"00024_F-DI8/16x24 VDC_1".QBAD 位状态值变为 TRUE，则"F00024_F-DI8/16x24 VDC_1".ACK_REI 的位状态值为 TRUE，消除 F-I/O 模块的钝化状态（完成去钝，模块恢复正常）。

（14）在程序块列表中点击"Main"，完成图示程序的编写和变量的设定，如图 2-82 所示。

其中，PLC 的输出点 Q3.6 对应连接工业机器人 I/O 模块的一个输入点，对应工业机器人急停（输入）信号"FrPDigStop"。

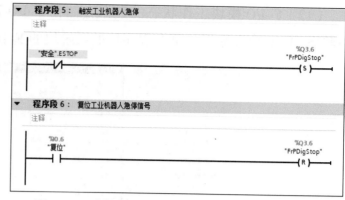

图 2-82 "紧急停止"与"重新"按钮功能程序

程序释义：当"紧急停止"按钮按下后（I24.0=FALSE 即断开），"安全".ESTOP 的输出值为 FALSE，Q3.6 置位，对应工业机器人急停（输入）信号 FrPDigStop=1；复位（弹起）"紧急停止"按钮后（I24.0=TRUE 即接通），"安全".ESTOP 的值仍为 FALSE，Q3.6 保持置位状态，对应工业机器人急停（输入）信号 FrPDigStop=1。

当按下"重新"按钮后（I0.6=TRUE 即接通），"安全".ESTOP 的输出值为 TRUE，Q3.6 复位，对应工业机器人急停（输入）信号 FrPDigStop=0。

4）PLC 程序的下载

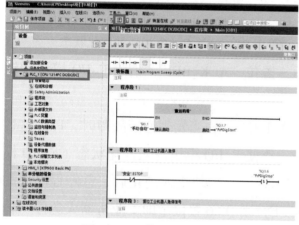

图 2-83 点击"下载"

（1）使用以太网线缆连接计算机和 PLC。

（2）修改 PC 的 IP 地址，将其设置为与 PLC 在同一网段（设置最后位的数值不同）。

（3）打开编写好的 PLC 程序的项目文件，点击"下载"，如图 2-83 所示。

（4）在弹出的"扩展的下载到设备"画面中，点击"开始搜索"，如图 2-84 所示。

（5）选择程序需要下载到的 PLC 设备并点击"下载"，如图 2-85 所示。

PLC 程序的下载

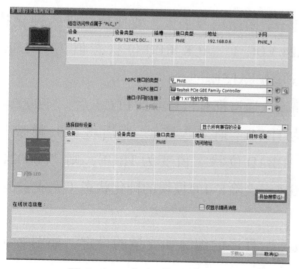

图 2-84 点击"开始搜索"

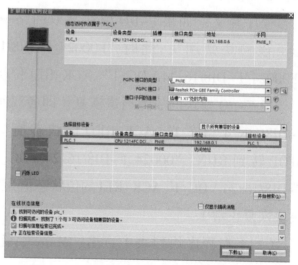

图 2-85 选择 PLC 设备并点击"下载"

（6）在弹出的下载预览窗口中，点击"装载"，如图2-86所示。

（7）在弹出的下载结果窗口中，点击"完成"，完成PLC程序的下载，如图2-87所示。

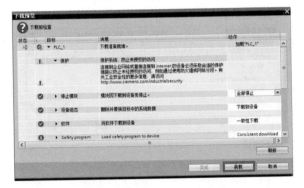

图2-86　点击"装载"

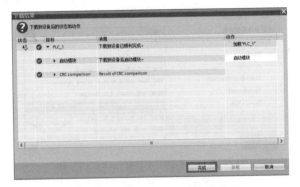

图2-87　完成PLC程序的下载

3. 搬运码垛工作站电气系统调试

ABB机器人拥有丰富的I/O通信接口，可以轻松地实现与周边设备进行通信。搬运码垛工作站使用ABB工业机器人标准I/O板DSQC 652。DSQC 652板主要提供16个数字输入信号和16个数字输出信号的处理，如图2-88所示。

1）工业机器人I/O模块（DSQC 652板）的配置

（1）在示教器"控制面板"界面中，选择"配置"。

（2）在"配置－I/O System"参数界面，选择"DeviceNet Device"并点击"显示全部"，如图2-89所示。

（3）点击"添加"，如图2-90所示。

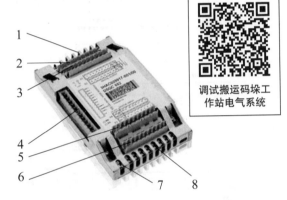

调试搬运码垛工作站电气系统

图2-88　标准I/O板DSQC 652

1—信号输出指示灯；2—X1数字量输出接口；
3—X2数字量输出接口；4—X5 DeviceNet接口；
5—X4数字量输入接口；6—X3数字量输入接口；
7—模块状态指示灯；8—数字输入信号指示灯

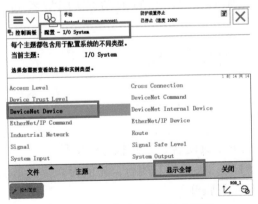

图2-89　点击"显示全部"

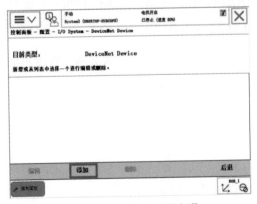

图2-90　点击"添加"

（4）在模板列表中选择DSQC 652 I/O板，如图2-91所示。

（5）双击"Name"，设定I/O板的名称。设定名称为"DSQC 652"，如图2-92所示。

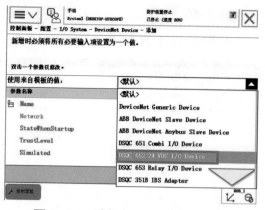

图 2-91　选择 DSQC 652 I/O 板

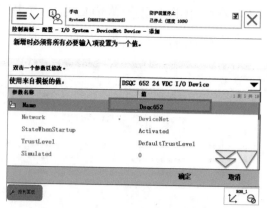

图 2-92　双击 "Name"

（6）点击界面右下角翻页箭头，下翻界面，找到 "Address" 这一项，双击 "Address" 选项，将 Address 的值改为 10（10 为该 I/O 模块在总线中的地址，ABB 机器人出厂默认值）。依次点击 "确定"，返回参数设定界面，如图 2-93 所示。

（7）I/O 模块的参数设定完毕，点击 "确定" 确认设定，如图 2-94 所示。

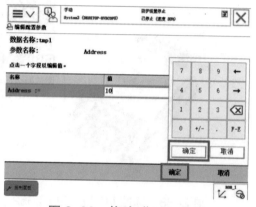

图 2-93　修改 "Address"

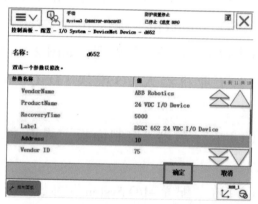

图 2-94　点击 "确定" 确认设定

（8）弹出重新启动界面，点击 "是"。重新启动控制系统，完成 DSQC 652 板的配置。

2）输入信号的配置

搬运码垛工作站中所需用到的工业机器人信号，见表 2-4，然后根据 I/O 信号表的参数，完成 I/O 信号的配置。

表 2-4　搬运码垛工作站的工业机器人 I/O 信号

硬件设备	端口号	名称	功能描述	对应设备
工业机器人输出信号				
标准 I/O 板 DSQC 652	4	ToTDigGrip	切换夹爪工具闭合、张开状态的信号（当值为 1 时，夹爪工具闭合；当值为 0 时，夹爪工具张开）	夹爪工具
	7	ToTDigQuickChange	控制快换装置信号 [当值为 1 时，快换装置为卸载状态（钢珠缩回）；当值为 0，快换装置为装载状态（钢珠弹出）]	快换装置

续表

硬件设备	端口号	名称	功能描述	对应设备
			工业机器人输入信号	
标准 I/O 板 DSQC 652	4	FrPDigStart	码垛流程启动的信号（当值为 1 时，运行搬运码垛程序；当值为 0 时，不运行搬运码垛程序）	PLC
	3	FrPDigStop	工业机器人急停信号（当值为 1 时，工业机器人停止运行；当值为 0 时，工业机器人正常运行）	

以工业机器人输入信号"FrPDigStart"的配置为例，详细介绍工业机器人输入信号的配置方法和步骤。输入信号"FrPDigStart"在进行 I/O 信号配置中涉及的参数说明见表 2–5。

表 2–5　输入信号"FrPDigStart"配置参数说明

参数名称	说明	信号参数对应值
Name	设定信号的名字	FrPDigStart
Type of Signal	设定信号的类型	Digital Input
Assigned to Device	设定信号所在的 I/O 模块（设备）	DSQC 652
Device Mapping	设定信号所占用的地址	4

（1）进入"配置 –I/O System"参数界面，双击"Signal"，如图 2–95 所示。

（2）点击"添加"，如图 2–96 所示。

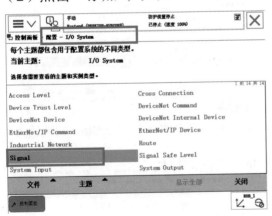

图 2–95　双击"Signal"

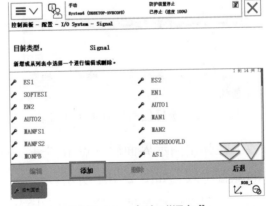

图 2–96　点击"添加"

（3）根据 I/O 信号的参数进行设置。双击"Name"，输入信号的名称后，点击"确定"，完成信号名称的设定。例如输入信号名称"FrPDigStart"后点击"确定"，如图 2–97 所示。

（4）双击"Type of Signal"设定信号的类型，如图 2–98 所示。

信号"FrPDigStart"为数字量输入信号，故选择"Digital Input"，如图 2–98 所示。

Digital Input：数字量输入信号。

Digital Output：数字量输出信号。

Analog Input：模拟量输入信号。

Analog Output：模拟量输出信号。

Group Input：组输入信号。

Group Output：组输出信号。

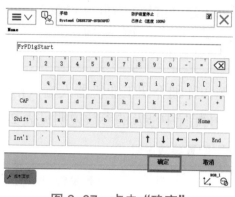

图 2-97　点击"确定"

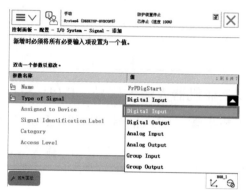

图 2-98　设定信号的类型

（5）双击"Assigned to Device"，选择信号所在的 I/O 模块完成设定。例如，图示选择的"DSQC 652"为 FrPDigStart 信号所在 I/O 模块，如图 2-99 所示。

（6）双击"Device Mapping"，设定信号 FrPDigStart 的地址为 4。完成信号参数值的设定后，点击"确定"，完成信号的配置，如图 2-100 所示。

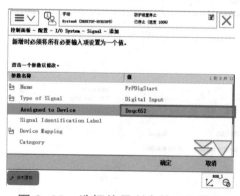

图 2-99　选择信号所在的 I/O 模块

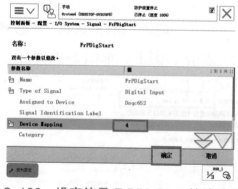

图 2-100　设定信号 FrPDigStart 的地址为 4

（7）在弹出图示界面后，点击"是"使 FrPDigStart 信号的配置生效，如图 2-101 所示。

是：立即重启控制器，信号配置生效。

否：不重启控制器，信号配置未生效。（当有多个信号需要配置时，可暂不点击"是"，完成所有信号的配置后再进行重启，重启后信号配置生效。）

3）输出信号的配置

以工业机器人输出信号"ToTDigGrip"的配置为

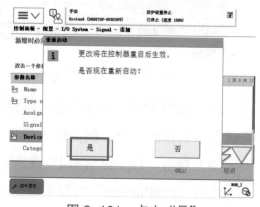

图 2-101　点击"是"

例，详细介绍工业机器人输出信号的配置方法和步骤。输出信号"ToTDigGrip"在进行 I/O 信号配置中涉及的参数说明见表 2-6。

表 2-6　输出信号 ToTDigGrip 配置参数说明

参数名称	说明	信号参数对应值
Name	设定信号的名字	ToTDigGrip
Type of Signal	设定信号的类型	Digital Output
Assigned to Device	设定信号所在的 I/O 模块（设备）	DSQC 652
Device Mapping	设定信号所占用的地址	4

（1）参照输入信号添加方式，添加信号。

（2）根据 I/O 信号的参数进行设置，如名称等。其中，注意信号"ToTDigGrip"为数字量输入信号，故选择"Digital Output"，如图 2-102 所示。

（3）完成信号参数值的设定后，点击"确定"，完成信号的配置，如图 2-103 所示。

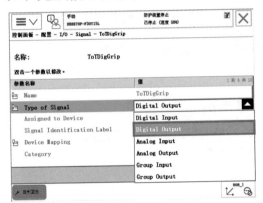

图 2-102　双击"Type of Signal"设定信号的类型

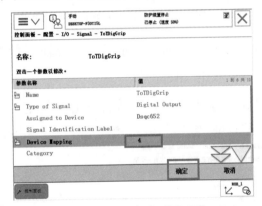

图 2-103　点击"确定"

（4）在弹出图 2-104 所示界面后，点击"是"使 ToTDigGrip 信号的配置生效。

是：立即重启控制器，信号配置生效。

否：不重启控制器，信号配置未生效。（当有多个信号需要配置时，可暂不点击"是"，完成所有信号的配置后再进行重启，重启后信号配置生效。）

4）工业机器人的输入信号与系统输入的关联

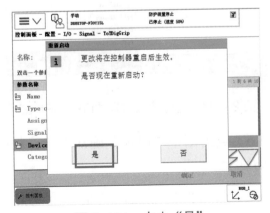

图 2-104　点击"是"

ABB 工业机器人的 I/O 信号与系统输入/输出建立关联，可实现工业机器人系统状态的反馈和控制。工业机器人的输入信号与系统输入（System Input）关联，可以实现工业机器人状态的控制；工业机器人的输出信号与系统输出（System Output）关联，可以将工业机器人状态反馈给外部设备。

例如，将工业机器人输入信号"FrPDigStop"与系统输入进行关联，实现当FrPDigStop=1时，工业机器人停止运行；当FrPDigStop=0时，工业机器人正常运行。

（1）进入"配置 –I/O System"参数界面，选择"System Input"选项，如图2-105。

（2）进入如图2-106所示界面，点击"添加"。

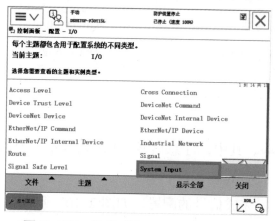

图2-105　选择"System Input"选项

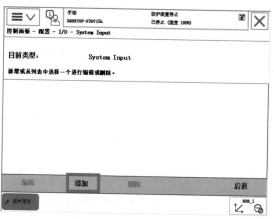

图2-106　点击"添加"

（3）双击"Signal Name"，选择输入信号"FrPDigStop"，如图2-107所示。

（4）双击"Action"。

（5）选择"Stop"，然后点击"确定"，如图2-108所示。

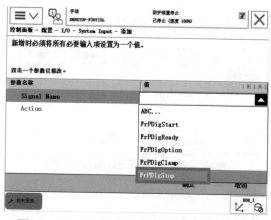

图2-107　选择输入信号"FrPDigStop"

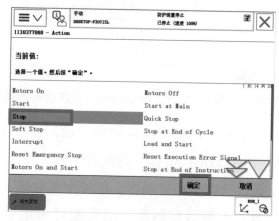

图2-108　选择"Stop"

（6）点击图中"确定"确认设定，如图2-109所示。

（7）点击弹出界面的"是"重新热启动控制器，使得关联配置生效，完成系统输入"Stop"与数字输入信号FrPDigStop的关联设定。该关联配置实现的功能：当FrPDigStop=1时，则工业机器人停止运行。

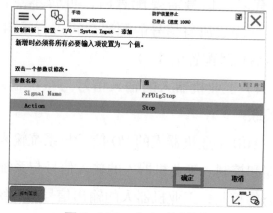

图2-109　点击"确定"

5）调试电气系统

在完成工业机器人的 I/O 信号配置和 PLC 程序的下载后，对搬运码垛工作站的电气系统进行调试，调试的操作步骤如下。

（1）通过控制信号"ToTDigQuickChange"，手动安装夹爪工具。

（2）进入示教器的"输入输出"。

（3）勾选"数字输出"，如图 2-110 所示。

（4）选中"ToTDigGrip"并点击"1"，观察夹爪工具的动作，如图 2-111 所示。然后点击"0"，将信号"ToTDigGrip"的值设置为 0，观察夹爪工具的动作。

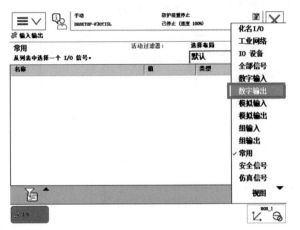

图 2-110 勾选"数字输出"

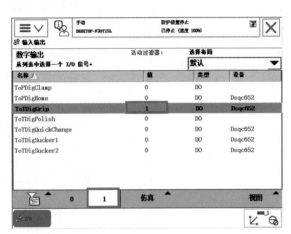

图 2-111 将信号"ToTDigGrip"的值仿真为 1

（5）当信号"ToTDigGrip"的值为 1 时，夹爪工具闭合；当信号"ToTDigGrip"的值为 0 时，夹爪工具张开，则表明工作站的工业机器人与夹爪工具的通信正常。

（6）若夹爪工具的动作与上述不符，则表明通信不正常；则需识读电气图纸，夹爪工具气路连接是否正确；依次排查电磁阀与工业机器人之间的电气接线是否有问题，直到通信正常。

（7）将开关转到"自动"。

（8）在示教器"输入输出"界面的视图下，勾选"数字输入"。

（9）信号 FrPDigStart 的数值为 1，则表明工作站的 PLC 与工业机器人通信正常。若 FrPDigStart 数值不发生改变，则表明通信不正常；则需识读电气图纸，检查 PLC 程序是否正确；依次排查 PLC 与工业机器人之间的电气接线是否有问题；在博途软件中监测输入、输出点的状态变化，判断是外部设备输入的问题还是 PLC 和工业机器人通信的问题。

（10）用与手动/自动旋钮相同的方法和步骤，进行紧急停止按钮（对应信号 FrPDigStop）的验证和调试。直到通信正常，则电气系统调试完成。

任务评价

任务评价表见表2-7，活动过程评价表见表2-8。

表2-7 任务评价表

评价项目	比例	配分	序号	评价要素	评分标准	自评	教师评价
6S职业素养	30%	30分	1	选用适合的工具实施任务，清理无须使用的工具	未执行扣6分		
			2	合理布置任务所需使用的工具，明确标志	未执行扣6分		
			3	清除工作场所内的脏污，发现设备异常立即记录并处理	未执行扣6分		
			4	规范操作，杜绝安全事故，确保任务实施质量	未执行扣6分		
			5	具有团队意识，小组成员分工协作，共同高质量完成任务	未执行扣6分		
搬运码垛工作站电气系统编程与调试	70%	70分	1	能完成PLC软件的安装	未掌握扣10分		
			2	能进行PLC简单逻辑编程	未掌握扣10分		
			3	能够完成PLC程序的下载	未掌握扣10分		
			4	能够完成工业机器人I/O模块的配置	未掌握扣10分		
			5	能够正确配置工业机器人系统输入、输出信号	未掌握扣10分		
			6	能够完成工业机器人输入信号与系统输入的关联	未掌握扣10分		
			7	能够完成搬运码垛工作站电气系统调试，测试信号配置准确性	未掌握扣10分		
合计							

表2-8 活动过程评价表

评价指标	评价要素	分数	分数评定
信息检索	能有效利用网络资源、工作手册查找有效信息；能用自己的语言有条理地去解释、表述所学知识；能将查找到的信息有效转换到工作中	10	
感知工作	是否熟悉各自的工作岗位，认同工作价值；在工作中，是否获得满足感	10	

评价指标	评价要素	分数	分数评定
参与状态	与教师、同学之间是否相互尊重、理解、平等；与教师、同学之间是否能够保持多向、丰富、适宜的信息交流。 探究学习、自主学习不流于形式，处理好合作学习和独立思考的关系，做到有效学习；能提出有意义的问题或能发表个人见解；能按要求正确操作；能够倾听、协作分享	20	
学习方法	工作计划、操作技能是否符合规范要求；是否获得了进一步发展的能力	10	
工作过程	遵守管理规程，操作过程符合现场管理要求；平时上课的出勤情况和每天完成工作任务情况；善于多角度思考问题，能主动发现、提出有价值的问题	15	
思维状态	是否能发现问题、提出问题、分析问题、解决问题	10	
自评反馈	按时按质完成工作任务；较好地掌握了专业知识点；具有较强的信息分析能力和理解能力；具有较为全面严谨的思维能力并能条理明晰表述成文	25	
总分		100	

任务 2.3　搬运码垛工作站编程与运行

任务描述

　　某搬运码垛工作站已经完成电气系统的调试，请根据实际情况规划工业机器人搬运码垛流程，并根据实训指导手册完成搬运码垛工作站的编程与运行。

任务目标

1. 了解工业机器人常用的编程指令。
2. 了解工业机器人搬运码垛的工作路径。
3. 根据操作步骤完成搬运码垛程序的编写。
4. 根据操作步骤完成搬运码垛程序的调试和运行。

所需工具

　　安全操作指导书、示教器、触摸屏用笔、码垛物料块、夹爪工具。

学时安排

建议学时共 8 学时，其中相关知识学习建议 2 学时，学员练习建议 6 学时。

工作流程

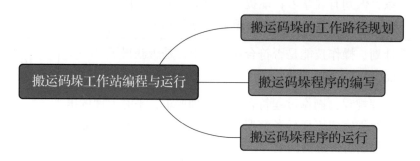

搬运码垛工作站编程与运行
- 搬运码垛的工作路径规划
- 搬运码垛程序的编写
- 搬运码垛程序的运行

任务实施

1. 搬运码垛的工作路径规划

搬运码垛工作站中，已安装有夹爪工具的工业机器人从工作原点出发，运动至智能仓储料架处进行取料，然后将码垛物料块搬运至码垛单元进行码放，总计码放 2 块码垛物料块。

工业机器人搬运码垛的工作路径点位规划如图 2-112 所示，点位说明见表 2-9。

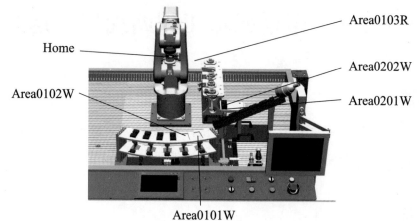

图 2-112　搬运码垛的工作路径（点位）

表 2-9　搬运码垛的工作路径（点位）的介绍说明

点位名称	功能说明
Home	工作原点（安全起始点）
Area0101W	在智能仓储料架，取第 1 块码垛物料块的位置点
Area0102W	在智能仓储料架，取第 2 块码垛物料块的位置点
Area0103R	抓取码垛物料块到码垛单元码放位置路径上的过渡点
Area0201W	在码垛单元 1 号工位码放第 1 块码垛物料块的位置点
Area0202W	在码垛单元 1 号工位码放第 2 块码垛物料块的位置点

2. 搬运码垛程序的编写

搬运码垛工作站中，当工业机器人的输入信号 FrPDigStart 值为 1 时，工业机器人开始运行搬运码垛程序；若 FrPDigStart 的值变为 0 时，程序指针跳至中断程序，运行中断程序进行中断处理。

1）编写中断程序

在搬运码垛程序运行过程中，若 FrPDigStart 的值变为 0，程序指针跳转至中断程序中进行中断处理。在中断程序中，先停止工业机器人的运动，然后示教器界面中写屏提示操作人员请确认准备就绪可以启动，提示需将 FrPDigStart 的值置位为 1。

编写中断程序的方法和步骤如下。

（1）进入程序编辑器内，点击"新建例行程序 ..."。类型选择为"中断"并点击"确定"，新建一个中断程序。

（2）选中新建的中断程序，点击"显示例行程序"，开始编写中断程序。

（3）编写图示程序语句，完成中断程序的编写，如图 2-113 所示。

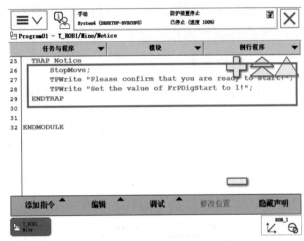

图 2-113　完成中断程序的编写

2）编写搬运码垛程序

（1）新建程序模块，用于存放搬运码垛的程序。

（2）在搬运码垛程序模块 Palletizing 中，新建一个例行程序，用于示教和编写抓取第 1 块码垛物料块的程序。

（3）点击"显示例行程序"，开始示教和编写抓取第 1 块码垛物料块的程序。

（4）通过控制信号"ToTDigQuickChange"，手动安装夹爪工具。

新建 jointtarget 类型的程序数据 Home，并手动输入设定 Home 点位的位置参数值（参考值如下：该数值对应工业机器人的姿态为五轴垂直向下，其余关节轴均为 0°）。

Home：=[[0，0，0，0，90，0]，[9E+09，9E+09，9E+09，9E+09，9E+09，9E+09]]。

（5）手动操纵工业机器人运动到第 1 块码垛物料块的抓取位置，控制夹爪工具关闭，夹紧码垛物料块。

新建 robtarget 类型的程序数据"Area0101W"，点击"修改位置"，完成该取料位置的示教。

（6）操纵工业机器人在夹爪工具抓取第 1 块码垛物料块的状态下，往码垛单元运动，到达码垛单元的过渡点位置。

新建 robtarget 类型的程序数据"Area0103R"，点击"修改位置"，完成过渡点的示教。

（7）操纵工业机器人在夹爪工具抓取第 1 块码垛物料块的状态下继续运动，将码垛物料块放置在码垛单元的码放位置上。

新建 robtarget 类型的程序数据"Area0201W",点击"修改位置",完成该码放位置的示教。控制夹爪工具打开,放开码垛物料块。

(8)参照点位 Area0101W 和 Area0201W 的示教方法,完成第 2 块码垛物料块点位(Area0102W 和 Area0202W)的示教。

(9)完成点位的示教后,编写图示抓取第 1 块码垛物料块的程序(仅供参考),如图 2-114 所示。

程序功能:装有夹爪工具的工业机器人从 Home 点出发,运动到智能仓储料架的取料位置,抓取第 1 块码垛物料块后返回 Home 点。

注意:在物料抓取点位前后添加偏移指令语句,设置合适的过渡点位;在夹爪工具动作前后添加时间等待指令语句,确保夹爪工具动作到位;在物料抓取前添加复位指令语句,确保夹爪工具已经打开。

(10)新建例行程序"MPut1",编写码放第 1 块码垛物料块的程序,如图 2-115 所示。

程序功能:完成抓取第 1 块码垛物料块的工业机器人经过渡点(Area0103R),运动到码垛单元 1 号工位,完成第 1 块码垛物料块的码放后返回 Home 点。

注意:在物料抓取点位前后添加偏移指令语句,设置合适的过渡点位;在夹爪工具动作前后添加时间等待指令语句,确保夹爪工具动作到位。

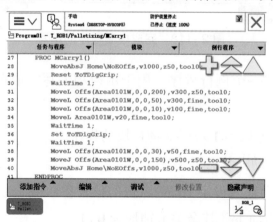

图 2-114　抓取第 1 块码垛物料块的程序

图 2-115　码放第 1 块码垛物料块的程序

(11)新建例行程序"MCarry2",编写抓取第 2 块码垛物料块的程序,如图 2-116 所示。

程序功能:装有夹爪工具的工业机器人从 Home 点出发,运动到智能仓储料架的取料位置,抓取第 2 块码垛物料块后返回 Home 点。

注意:在物料抓取点位前后添加偏移指令语句,设置合适的过渡点位;在夹爪工具动作前后添加时间等待指令语句,确保夹爪工具动作到位;在物料抓取前添加复位指令语句,确保夹爪工具已经打开。

(12)新建例行程序"MPut2",编写码放第 2 块码垛物料块的程序,如图 2-117 所示。

程序功能:抓取第 2 块码垛物料块的工业机器人经过渡点(Area0103R),运动到码垛单元 1 号工位，完成第 2 块码垛物料块的码放后返回 Home 点。

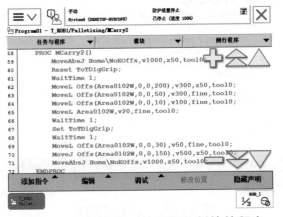

图 2-116　抓取第 2 块码垛物料块的程序

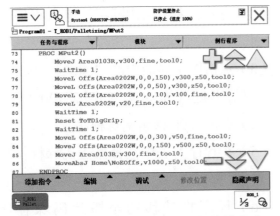

图 2-117　码放第 2 块码垛物料块的程序

（13）新建例行程序 PPalletizing1（　）。在该例行程序中，调用搬运码垛的各部分子程序，并启用中断程序。

（14）编写图示指令语句，启用中断程序"Notice"，如图 2-118 所示。

在搬运码垛程序中启用中断程序"Notice"，使得当数字输入信号 FrPDigStart 的值变为 0 时触发该中断程序，停止工业机器人运动并提示操作人员相关信息。

（15）调用搬运码垛的子程序，完成搬运码垛程序 PPalletizing1（　）的编写，如图 2-119 所示。

搬运码垛过程中，若 FrPDigStart 的值变为 0，则工业机器人停止运动，并在操作员窗口显示对应信息提示。

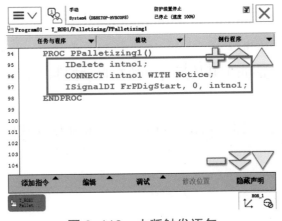

图 2-118　中断触发语句

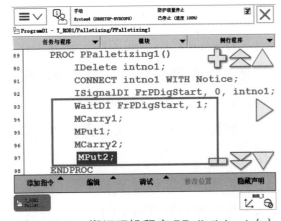

图 2-119　搬运码垛程序 PPalletizing1（　）

3. 搬运码垛程序的运行

1）手动控制模式下运行和调试搬运码垛程序

在运行搬运码垛程序前，需先确认智能仓储料架上已摆放满码垛物料块，且智能仓储料架已处于靠近工业机器人限位的位置，工业机器人本体单元已安装好夹爪工具。

手动控制模式下运行搬运码垛程序的操作步骤如下。

运行和调试搬运码垛程序

（1）将控制柜模式开关转到手动模式。

（2）点击"程序编辑器"，进入程序编辑界面。

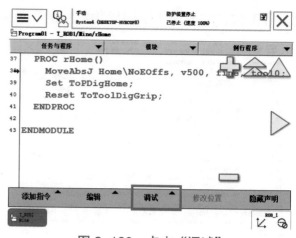

（3）点击图示界面中的"调试"。调试：用于打开 / 收起调试菜单，如图 2-120 所示。

（4）点击"PP 移至例行程序 …"。

（5）在程序列表中选择搬运码垛样例程序，点击"确定"。

（6）程序指针移动至搬运码垛程序（PPalletizing1）中。

图 2-120　点击"调试"

（7）将开关转到"自动"。

（8）按下"使能"按钮并保持在中间挡位置，使得工业机器人处于"电机开启"状态。

（9）按压"前进一步"按钮，逐步运行搬运码垛程序。每按压一次，只执行一行。

（10）完成程序的单步调试后，可保持按下"使能"按钮第一挡，按压"启动"按钮，进行码垛程序的连续运行。

2）自动控制模式下运行搬运码垛程序

搬运码垛程序在完成手动调试运行后，才可在自动控制模式下运行。自动控制模式下运行搬运码垛程序的操作步骤如下。

注意：在运行搬运码垛程序前，需先确认智能仓储料架上已摆放满码垛物料块，且智能仓储料架已处于靠近工业机器人限位，工业机器人本体单元已安装好夹爪工具。

（1）在 main 程序下调用搬运码垛程序"PPalletizing1"。

注意：自动控制模式下，程序只能从主程序（main）开始运行，故在自动控制下运行某程序时，必须先将其调用至主程序中。

（2）将控制柜模式开关转到自动模式，并在示教器上点击"确定"，完成确认模式的更改操作。

（3）将程序指针移动至主程序（main）中。

（4）按下控制器面板上的"电机开启"。

（5）按"前进一步"按钮，可逐步运行搬运码垛程序，按下"启动"按钮，则可直接连续运行搬运码垛程序。

任务评价

任务评价表见表 2-10，活动过程评价表见表 2-11。

表2-10 任务评价表

评价项目	比例	配分	序号	评价要素	评分标准	自评	教师评价
6S职业素养	30%	30分	1	选用适合的工具实施任务,清理无须使用的工具	未执行扣6分		
			2	合理布置任务所需使用的工具,明确标志	未执行扣6分		
			3	清除工作场所内的脏污,发现设备异常立即记录并处理	未执行扣6分		
			4	规范操作,杜绝安全事故,确保任务实施质量	未执行扣6分		
			5	具有团队意识,小组成员分工协作,共同高质量完成任务	未执行扣6分		
搬运码垛工作站编程与运行	70%	70分	1	能使用工业机器人运动指令进行基础编程	未掌握扣10分		
			2	能完成工业机器人运动指令参数的设置	未掌握扣15分		
			3	能熟练应用中断程序,正确触发动作指令	未掌握扣15分		
			4	能进行搬运码垛程序编写	未掌握扣15分		
			5	能完成工业机器人手动程序调试	未掌握扣15分		
合计							

表2-11 活动过程评价表

评价指标	评价要素	分数	分数评定
信息检索	能有效利用网络资源、工作手册查找有效信息;能用自己的语言有条理地去解释、表述所学知识;能将查找到的信息有效转换到工作中	10	
感知工作	是否熟悉各自的工作岗位,认同工作价值;在工作中,是否获得满足感	10	
参与状态	与教师、同学之间是否相互尊重、理解、平等;与教师、同学之间是否能够保持多向、丰富、适宜的信息交流。 探究学习、自主学习不流于形式,处理好合作学习和独立思考的关系,做到有效学习;能提出有意义的问题或能发表个人见解;能按要求正确操作;能够倾听、协作分享	20	
学习方法	工作计划、操作技能是否符合规范要求;是否获得了进一步发展的能力	10	

续表

评价指标	评价要素	分数	分数评定
工作过程	遵守管理规程，操作过程符合现场管理要求；平时上课的出勤情况和每天完成工作任务情况；善于多角度思考问题，能主动发现、提出有价值的问题	15	
思维状态	是否能发现问题、提出问题、分析问题、解决问题	10	
自评反馈	按时按质完成工作任务；较好地掌握了专业知识点；具有较强的信息分析能力和理解能力；具有较为全面严谨的思维能力并能条理明晰表述成文	25	
总分		100	

项目知识测评

1. 单选题

（1）根据工作站机械布局图进行工业机器人系统安装的过程中，可以使用（　　）工具测量出工业机器人本体与周边设备的安装位置并进行记录。

A. 数字显示张力计　　　　　　　　B. 卷尺

C. 千分尺　　　　　　　　　　　　D. 万用表

（2）ABB 工业机器人 DSQC 652 板提供（　　）位数字量输入和数字量输出。

A. 8　　　　　　B. 16　　　　　　C. 32　　　　　　D. 64

（3）在示教器中设置工业机器人数字量输入信号时，需要选择的信号类型是（　　）。

A. Digital Input　　　B. Digital Output　　　C. Group Input　　　D. Group Output

2. 多选题

（1）将计算机中的 PLC 程序下载 PLC 的过程中有哪些注意点？（　　）

A. 需要以太网线缆连接计算机和 PLC。

B. PC 的 IP 地址，将其设置为与 PLC 在同一网段。

C. 在弹出的"扩展的下载到设备"画面中，点击"开始搜索"，搜索到相应的 PLC 设备。

D. 以上都不是。

（2）以下哪个指令可用于等待一个数字量输入信号？（　　）

A. WaitDO　　　B. WaitDI　　　C. WaitUntil　　　D. WaitTime

（3）以下哪些指令是 ABB 工业机器人常用的运动指令？（　　）

A. MoveAbsJ　　　B. Compact IF　　　C. MoveJ　　　D. MoveL

（4）下列语句中能用于启动中断程序，实现当 FrPDigStart 的值变为 0，程序指针跳转至中断程序 Notice 中的是（　　）。

A. CONNECT intno1 WITH Notice B. IDelete intno1

C. ISignalDI FrPDigStart, 0, intno1 D. Delete intno1

3. 判断题

（1）故障安全型 PLC 与普通（标准型）PLC 编程方法的不同，主要体现在所用编程软件、硬件组态设计，以及安全程序编写方法方面。　　　　　　　　　　（　　）

（2）故障安全型的 PLC 在硬件模块的设计上与普通（标准型）PLC 是有区别的，故障安全信号模块都采用单通道的设计。　　　　　　　　　　（　　）

（3）工业机器人的输入信号与系统输入（System Input）关联，可以实现工业机器人状态的控制。　　　　　　　　　　（　　）

项目3
工业机器人多工位码垛操作与编程

 项目导言

　　本项目围绕工业机器人操作与运维岗位职责和企业实际生产中的工业机器人操作与运维工作内容，就工业机器人多工位搬运码垛工作站系统的安装方法、电气系统编程与调试的方法，以及多工位搬运码垛工作站编程与运行的过程进行了详细的介绍，并设置了丰富的实训任务，使学生通过实操进一步掌握工业机器人多工位搬运码垛工作站的系统安装方法、电气调试方法及操作与编程。

 项目目标

1. 培养安装多工位码垛工作站系统（机械、电气、气路，视觉）的能力。
2. 培养对多工位码垛工作站电气系统（PLC、工业机器人、触摸屏）进行调试的能力。
3. 培养对工业机器人多工位码垛工作站编程并运行测试的能力。

```
                                    ┌── 多工位码垛工作站系统安装

工业机器人多工位码垛操作与编程 ──────┼── 多工位码垛工作站电气系统编程与调试

                                    └── 多工位码垛工作站编程与运行
```

任务3.1　多工位码垛工作站系统安装

任务描述

某多工位搬运码垛工作站系统在使用之前需要先进行机械部件、电气、气路的连接，为后续的多工位搬运码垛工作站编程与运行做好准备，请根据工作站的机械装配图、电气原理图、气路接线图和实训指导手册完成多工位码垛工作站系统安装。

任务目标

1. 能根据工作站的机械装配图完成多工位码垛工作站机械部分的安装。
2. 能根据电气原理图完成多工位码垛工作站电气接线。
3. 能根据气路接线图完成多工位码垛工作站气路的连接。
4. 能根据机械装配图完成视觉检测单元的安装。

所需工具

内六角扳手套组、卷尺、游标卡尺、一字螺丝刀、十字螺丝刀、万用表、安全操作指导书。

学时安排

建议学时共4学时，其中相关知识学习建议2学时，学员练习建议2学时。

工作流程

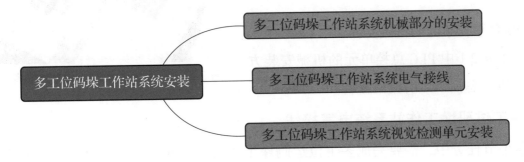

知识储备

多工位码垛工作站包括工业机器人系统（工业机器人本体和控制器）、工具单元、搬运码垛单元、PLC总控单元、触摸屏，如图3-1所示。其中，码垛单元由码垛平台A和码垛平台 B 组成，码垛平台 A 模拟传送带，队列式地传送码垛物料块，最多可以同时容纳 6 块码垛物料块；码垛平台 B 用于放置码垛物料块，码垛平台 B 的 1 号工位和 2 号工位位置如图 2-1 所示；通过触摸屏的工位选择功能可以实现工业机器人将码垛物料块放置到 1 号工位或是 2 号工位上。

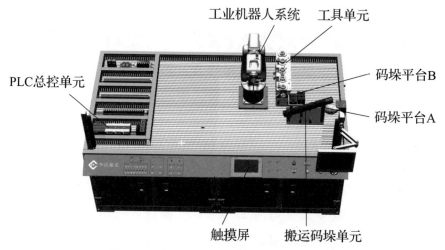

图 3-1　多工位码垛工作站系统示意图

 **任务实施**

1. 多工位码垛工作站系统机械部分的安装

1）多工位码垛工作站系统机械安装

（1）根据工作站机械布局图，使用卷尺测量出工业机器人本体底座、搬运码垛单元、工具单元的安装位置并进行相应的记录。

（2）完成工业机器人本体、控制柜、示教器、搬运码垛单元、工具单元的机械安装，如图 3-2 所示。

2）PLC 总控单元的机械安装

参考任务 2.1 中 PLC 总控单元的机械安装方法，完成 PLC 总控单元的机械安装。

图 3-2　完成工业机器人的机械安装示意图

2. 多工位码垛工作站系统电气接线

在本小节任务中，需要完成多工位运码垛工作站系统的电气连接，包括工业机器人系统、空气压缩机、散热风扇的电源接线及 PLC 总控单元的接线。

1）工业机器人系统、空气压缩机、散热风扇电气接线

工业机器人系统、空气压缩机、散热风扇的电气接线方法可以参考任务 2.1 中搬运码垛工作站系统电气连接的电气接线方法。

2）PLC CPU 1214FC DC/DC/DC 的接线

完成给 PLC CPU 24 V 供电及接地线的接线，如图 3-3 所示。

3）SM 1223 数字量输入输出模块接线

（1）完成给 SM 1223 数字量输入输出模块 24 V 供电及接地线的接线，如图 3-4 所示。

（2）查看工作站电路图，完成 Q3.4 信号线的接线，如图 3-5 所示。

图 3-3 PLC CPU 供电及接地线

图 3-4 SM1223 供电及接地线的接线

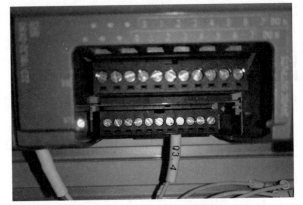

图 3-5 Q3.4 信号线的接线

4）故障安全数字量输入信号模块 SM 1226 F-DI 的接线

参考任务 2.1 中搬运码垛工作站系统电气连接中故障安全数字量输入信号模块 SM 1226 的接线方法完成接线。

3. 多工位码垛工作站系统视觉检测单元安装

在本小节任务中需要完成视觉检测单元的机械安装，工作站视觉检测单元安装完成后的示意如图 3-6 所示。

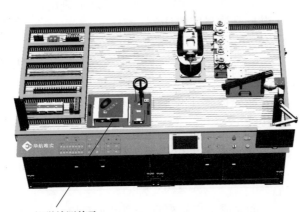

视觉检测单元

图 3-6 视觉检测单元安装完成示意图

（1）根据工作站机械布局图，使用卷尺测量出视觉检测单元的安装位置并在工作站台面上相应的位置做好标记。

（2）将4个M5内六角螺钉、弹簧垫圈、平垫圈、T形螺母先装到视觉检测单元的4个固定孔位上，并将视觉检测单元整体放置到已经测量出的台面安装位置上。

（3）使用规格为4 mm的内六角扳手锁紧螺钉，固定单元底板，考虑到受力平衡，锁紧时需要采用十字对角的顺序锁紧螺钉，完成视觉检测单元的机械安装，如图3-7所示。

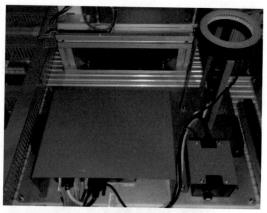

图 3-7　视觉检测单元的机械安装

 任务评价

任务评价表见表3-1，活动过程评价表见表3-2。

表 3-1　任务评价表

评价项目	比例	配分	序号	评价要素	评分标准	自评	教师评价
6S职业素养	30%	30分	1	选用适合的工具实施任务，清理无须使用的工具	未执行扣6分		
			2	合理布置任务所需使用的工具，明确标志	未执行扣6分		
			3	清除工作场所内的脏污，发现设备异常立即记录并处理	未执行扣6分		
			4	规范操作，杜绝安全事故，确保任务实施质量	未执行扣6分		
			5	具有团队意识，小组成员分工协作，共同高质量完成任务	未执行扣6分		
多工位码垛工作站系统安装	70%	70分	1	能完成多工位码垛工作站系统机械部分的安装	未掌握扣15分		
			2	能完成多工位码垛工作站系统电气接线	未掌握扣15分		
			3	能完成多工位码垛工作站系统气路连接	未掌握扣20分		
			4	能完成工作站视觉检测单元安装	未掌握扣20分		
合计							

表 3-2 活动过程评价表

评价指标	评价要素	分数	分数评定
信息检索	能有效利用网络资源、工作手册查找有效信息；能用自己的语言有条理地去解释、表述所学知识；能将查找到的信息有效转换到工作中	10	
感知工作	是否熟悉各自的工作岗位，认同工作价值；在工作中，是否获得满足感	10	
参与状态	与教师、同学之间是否相互尊重、理解、平等；与教师、同学之间是否能够保持多向、丰富、适宜的信息交流。探究学习、自主学习不流于形式，处理好合作学习和独立思考的关系，做到有效学习；能提出有意义的问题或能发表个人见解；能按要求正确操作；能够倾听、协作分享	20	
学习方法	工作计划、操作技能是否符合规范要求；是否获得了进一步发展的能力	10	
工作过程	遵守管理规程，操作过程符合现场管理要求；平时上课的出勤情况和每天完成工作任务情况；善于多角度思考问题，能主动发现、提出有价值的问题	15	
思维状态	是否能发现问题、提出问题、分析问题、解决问题	10	
自评反馈	按时按质完成工作任务；较好地掌握了专业知识点；具有较强的信息分析能力和理解能力；具有较为全面严谨的思维能力并能条理明晰表述成文	25	
总分		100	

任务 3.2　多工位码垛工作站电气系统编程与调试

任务描述

某多工位码垛工作站的工业机器人、PLC 和触摸屏进行通信实现多工位码垛，请根据实际需求进行 PLC、触摸屏程序的编写，并根据实训指导手册完成多工位码垛工作站电气系统的调试。

任务目标

1. 根据操作步骤完成 PLC 程序的编写和下载。

2. 根据操作步骤完成触摸屏程序的编写和下载。

3. 根据操作步骤完成多工位码垛工作站电气系统调试的操作。

所需工具

安全操作指导书、示教器、触摸屏用笔、计算机。

学时安排

建议学时共 8 学时，其中相关知识学习建议 1 学时，学员练习建议 7 学时。

工作流程

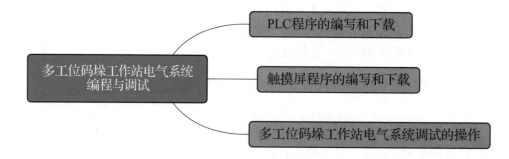

任务实施

1. PLC 程序的编写和下载

设定多工位码垛工作站的工业机器人进行码垛时，可在触摸屏（KTP 900 系列）上选择工位实现不同工位的码垛。触摸屏上选择好工位后，将触发 PLC 的某个输出点（例如 Q3.4）内状态值发生变化，PLC 输出点与工业机器人对应输入信号关联，工业机器人根据输入信号的状态值执行不同码垛程序，进行不同工位的码垛。多工位码垛工作站中，所涉及的 PLC 端的输入输出和中间变量见表 3-3。

表 3-3　多工位码垛工作站 PLC 端的输入输出

硬件设备	端口号	名称	对应设备
PLC 的输出			
SM 1223 DC_1	4	Q3.4	标准 I/O 板 DSQC 652
PLC 的中间变量			
—	—	M0.0	触摸屏

注意：多工位码垛工作站已根据电气图纸，完成了所有通信的硬件接线。

首先，编写 PLC 程序实现该 PLC 与工业机器人的 I/O 通信。

1）PLC 程序的编写

完成多工位码垛工作站 PLC 硬件组态的设计后，进行多工位码垛工作站 PLC 程序的编写。PLC 程序的编写步骤如下。

（1）完成多工位码垛工作站 PLC 硬件组态的设计后，在 PLC 设备的菜单列表下，点开"程序块"并点击"添加模块"。

（2）添加一个函数模块（FC）"多工位码垛"，并在该模块下编写图示功能程序段，如图 3-8 所示。

"选择工位"常开触点与 PLC 中间变量 M0.0 关联，"确认选择"输出线圈与 PLC 的输出点 Q3.4 关联。

程序释义：当"选择工位"触点闭合，则"确认选择"输出线圈得电，输出值为 1。

（3）在程序块列表中点击"Main"，进入主程序块，完成图示程序的编写和变量的设定。其中 M0.0 是 PLC 的中间变量，输出点 Q3.4 对应连接工业机器人 I/O 模块的某输入点，即对应工业机器人输入信号"FrPDigOption"，如图 3-9 所示。

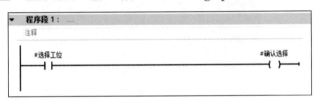

图 3-8 选择工位功能程序段 1

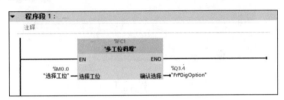

图 3-9 选择工位功能程序段 2

程序释义：当触摸屏上的"工位 1"被按下时，中间变量 M0.0 的值为 0，对应输出点 Q3.4 的值也随之变为 0（对应工业机器人输入信号 FrPDigOption=0）；当触摸屏上的"工位 2"被按下时，中间变量 M0.0 的值为 1，对应输出点 Q3.4 的值也随之变为 1（对应工业机器人输入信号 FrPDigOption=1）。

2）PLC 程序的下载

下载 PLC 程序的步骤如下。

（1）使用以太网线缆连接计算机和 PLC。

（2）修改 PC 的 IP 地址，将其设置为与 PLC 在同一网段（设置最后位的数值不同）。

（3）打开多工位码垛 PLC 程序的项目文件，点击"下载"。

（4）搜索 PLC 设备，选择程序所需下载到的 PLC 设备并点击"下载"。根据信息提示对话框，完成 PLC 程序的下载。

2. 触摸屏程序的编写和下载

1）触摸屏程序的编写

触摸屏与 PLC 已经完成通信连接的硬件接线，编写触摸屏程序将 PLC 中间变量（如 M0.0）与触摸屏上的工位选择功能按钮进行关联，实现"触摸屏—PLC—工业机器人"的数据通信。

编写触摸屏程序

（1）打开博途软件，打开多工位码垛 PLC 程序所在的项目文件。点击"打开项目视图"，继续在该 PLC 程序项目进行触摸屏程序的编写。

（2）双击项目树下的"添加新设备"，进行触摸屏设备的添加。

（3）在 HMI 选项下，选择对应多工位码垛工作站触摸屏系列及型号，点击"确定"完成触摸屏设备的添加。此处选择 KTP 900 系列的触摸屏。

（4）弹出图示连接界面，在"浏览"的下拉菜单中选择触摸屏连接的 PLC 设备。

触摸屏连接多工位码垛工作站的 PLC（名称：PLC_1），如图 3-10 所示。

（5）点击"完成"，完成多工位码垛工作站的 PLC 与触摸屏设备的通信配置，如图 3-11 所示。

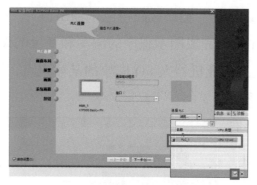

图 3-10　选择 PLC 设备

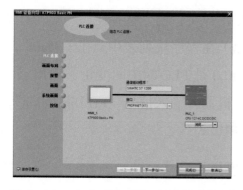

图 3-11　点击"完成"确认通信配置

（6）在 HMI（触摸屏）设备的菜单列表下，点开"画面"并双击"根画面"，如图 3-12 所示。

（7）在工具箱的基本对象中，选择图示"图形视图"对象并双击添加，给根画面添加底图，如图 3-13 所示。

（8）选中根画面中的图片对象，并沿对角线拉伸，使得图片对象填满整个画面。

（9）选中底图对应的图片对象后，点击鼠标右键，在菜单选项中选择"添加图形"。

图 3-12　双击"根画面"

（10）在电脑中找到将作为根画面底图的图片文件，然后点击"打开"。

（11）根画面的底图添加完毕，如图 3-14 所示。

（12）在工具箱的基本对象中，选择图示"文本域"对象并双击添加，如图 3-15 所示。

图 3-13　选择"图形视图"

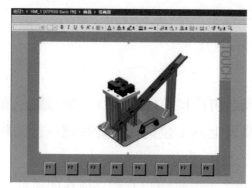

图 3-14　添加完毕后的界面

图 3-15　选择"文本域"

（13）将添加的文本域对象移动到画面合适的位置，选中文本域对象，在属性 – 常规下，可设定文本（Text）内容和字体样式。添加文本"多工位码垛工作站"，并设定字体样式为宋体，32 px，如图 3–16 所示。

（14）选中文本域对象，在属性 – 外观下，可设定背景及文本的颜色。设定文本的颜色为蓝色，如图 3–17 所示。

图 3–16　设定字体样式

图 3–17　设定背景及文本的颜色

（15）在工具箱的元素中，选择图示元件并双击"添加"，如图 3–18 所示。

（16）将添加的元件移动到画面合适的位置、调整大小并设定文本（Text）内容。

选中元件，在属性下设置文本格式，设置文本的字体为宋体，32 px、居中对齐等，如图 3–19 所示。

图 3–18　双击"添加"

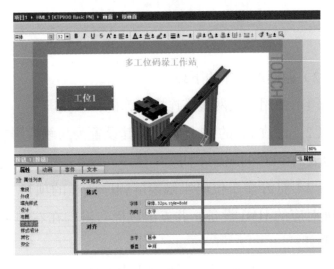

图 3–19　设置文本格式

（17）选中元件，在事件下选择"按下"，添加函数。

（18）添加函数"复位位"。功能：按下"工位 1"按钮元件，与该按钮关联的信号复位，如图 3–20 所示。

（19）点击"变量"（输入 / 输出）栏的"…"，进入 PLC 变量中。在列表中选择"选择工位"并确认，"变量（输入 / 输出）"与中间变量 M0.0（即选择工位）关联，如图 3–21 所示。

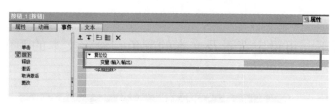

图 3-20　添加函数"复位位"

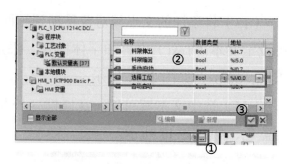

图 3-21　点击"变量"

（20）到此完成"工位 1"元件的添加和设定，参照前面的步骤，添加和设定"工位 2"元件，完成触摸屏程序的编写。工位 2 元件的函数为"置位位"，变量（输入/输出）关联的是"选择工位"，如图 3-22 所示。

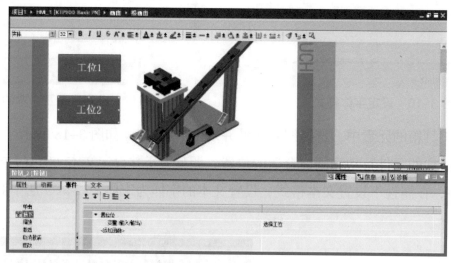

图 3-22　"工位 2"完成

2）触摸屏程序的下载

（1）使用以太网线缆连接计算机和触摸屏。

（2）修改 PC 的 IP 地址，将其设置为与触摸屏在同一网段（设置最后位的数值不同，注意也要与 PLC 的地址不同）。

（3）打开多工位码垛触摸屏程序所在的项目文件，选择项目文件中与所需下载到的触摸屏对应的 HMI 设备，并点击鼠标右键。在右键菜单中，选择"下载到设备—软件（全部下载）"。

（4）搜索 HMI 设备，在列表中选择程序所需下载到的 HMI 设备并点击"下载"。根据信息提示对话框，完成 HMI 程序的下载。

3. 多工位码垛工作站电气系统调试的操作

1）工业机器人 I/O 信号的配置

多工位码垛工作站中所需用到的工业机器人 I/O 信号，见表 3-4。然后根据 I/O 信号表的参数，参照任务 2.2 中的方法，完成 I/O 信号的配置。

表 3-4　多工位码垛工作站的工业机器人 I/O 信号

硬件设备	端口号	名称	功能描述	对应设备
工业机器人输出信号				
标准 I/O 板 DSQC 652	4	ToTDigGrip	切换夹爪工具闭合、张开状态的信号（当值为 1 时，夹爪工具闭合；值为 0 时，夹爪工具张开）	夹爪工具
	7	ToTDigQuickChange	控制快换装置信号［当值为 1 时，快换装置为卸载状态（钢珠缩回）；当值为 0，快换装置为装载状态（钢珠弹出）］	快换装置
工业机器人输入信号				
标准 I/O 板 DSQC 652	1	FrPDigOption	工位选择信号（当值为 0 时，表示选择 1 号工位；当值为 1 时，表示选择 2 号工位）	PLC

在进行工业机器人输入信号 "FrPDigOption" I/O 信号配置时涉及的参数说明见表 3-5。

表 3-5　信号 FrPDigOption 配置参数的说明

参数名称	说明	信号参数对应值
Name	设定信号的名字	FrPDigOption
Type of Signal	设定信号的类型	Digital Input
Assigned to Device	设定信号所在的 I/O 模块（设备）	DSQC 652
Device Mapping	设定信号所占用的地址	1

2）调试电气系统

在完成工业机器人 I/O 信号的配置、PLC 程序和触摸屏程序的下载后，对多工位码垛工作站的电气系统进行调试。

按下触摸屏上的 "工位 1" 或 "工位 2"，查看工业机器人信号 "FrPDigOption" 值的变化，以完成多工位码垛工作站电气系统的调试。

（1）控制信号 "ToTDigQuickChange"，手动安装夹爪工具。

（2）仿真信号 "ToTDigGrip" 的值并观察夹爪工具的动作，当信号 "ToTDigGrip" 的值为 1 时，夹爪工具闭合；当信号 "ToTDigGrip" 的值为 0 时，夹爪工具张开，则表明工作站的工业机器人与夹爪工具的通信正常。

若夹爪工具的动作与上述不符，则表明通信不正常，则需根据电气图纸，检查夹爪工具气路连接是否正确；依次排查电磁阀与工业机器人之间的电气接线是否有问题。排查完后重新进行测试，直到通信正常。

（3）在触摸屏界面上按下 "工位 1" 或 "工位 2"，然后进入示教器的 "输入输出" 界面。

（4）在"数字输入"视图中，查看信号"FrPDigOption"值的变化。如果按下"工位1"时，信号"FrPDigOption"的数值为0；按下"工位2"时，信号"FrPDigOption"的数值为1；则表明工作站的触摸屏、PLC和工业机器人之间的通信正常。

若"FrPDigOption"数值变化与上述不符，则表明通信不正常，则需根据电气图纸，检查PLC程序和触摸屏程序是否正确；再依次排查PLC、触摸屏与工业机器人之间的电气接线是否有问题；最后在博途软件中监测输入输出点的状态变化，判断是外部设备输入的问题，还是PLC和工业机器人通信的问题。排查完后重新进行测试，直到通信正常，完成多工位码垛工作站电气系统的调试。

 **任务评价**

任务评价表见表3-6，活动过程评价表见表3-7。

表3-6　任务评价表

评价项目	比例	配分	序号	评价要素	评分标准	自评	教师评价
6S职业素养	30%	30分	1	选用适合的工具实施任务，清理无须使用的工具	未执行扣6分		
			2	合理布置任务所需使用的工具，明确标志	未执行扣6分		
			3	清除工作场所内的脏污，发现设备异常立即记录并处理	未执行扣6分		
			4	规范操作，杜绝安全事故，确保任务实施质量	未执行扣6分		
			5	具有团队意识，小组成员分工协作，共同高质量完成任务	未执行扣6分		
多工位码垛工作站电气系统编程与调试	70%	70分	1	能完成多工位码垛工作站PLC控制程序的编写	未掌握扣10分		
			2	能完成多工位码垛工作站PLC程序的下载	未掌握扣15分		
			3	能完成多工位码垛工作站触摸屏程序的编写	未掌握扣15分		
			4	能完成多工位码垛工作站触摸屏程序的下载	未掌握扣15分		
			5	能完成工业机器人I/O信号的配置	未掌握扣5分		
			6	能完成多工位码垛工作站电气系统的调试	未掌握扣10分		
合计							

表 3-7　活动过程评价表

评价指标	评价要素	分数	分数评定
信息检索	能有效利用网络资源、工作手册查找有效信息；能用自己的语言有条理地去解释、表述所学知识；能将查找到的信息有效转换到工作中	10	
感知工作	是否熟悉各自的工作岗位，认同工作价值；在工作中，是否获得满足感	10	
参与状态	与教师、同学之间是否相互尊重、理解、平等；与教师、同学之间是否能够保持多向、丰富、适宜的信息交流。探究学习、自主学习不流于形式，处理好合作学习和独立思考的关系，做到有效学习；能提出有意义的问题或能发表个人见解；能按要求正确操作；能够倾听、协作分享	20	
学习方法	工作计划、操作技能是否符合规范要求；是否获得了进一步发展的能力	10	
工作过程	遵守管理规程，操作过程符合现场管理要求；平时上课的出勤情况和每天完成工作任务情况；善于多角度思考问题，能主动发现、提出有价值的问题	15	
思维状态	是否能发现问题、提出问题、分析问题、解决问题	10	
自评反馈	按时按质完成工作任务；较好地掌握了专业知识点；具有较强的信息分析能力和理解能力；具有较为全面严谨的思维能力并能条理明晰表述成文	25	
总分		100	

任务 3.3　多工位码垛工作站编程与运行

任务描述

某多工位码垛工作站已经完成工作站系统电气系统的调试，请根据实际情况编写多工位码垛的程序，并根据实训指导手册完成搬运码垛工作站的编程与运行。

任务目标

1. 了解工业机器人多工位码垛的工作路径。

2. 根据操作步骤完成多工位码垛程序的编写。

3. 根据操作步骤完成多工位码垛程序的调试和运行。

所需工具

安全操作指导书、示教器、触摸屏用笔、码垛物料块、夹爪工具。

 学时安排

建议学时共 8 学时，其中相关知识学习建议 1 学时，学员练习建议 7 学时。

 工作流程

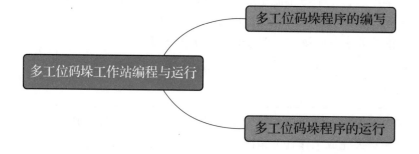

 知识储备

多工位码垛工作站中，已装有夹爪工具的工业机器人可进行两个不同工位的搬运码垛。多工位码垛过程中，根据在触摸屏上选择的工位，工业机器人在选定的工位上分 2 层码放码垛物料块，每层按顺序码放 3 块，总计码放 6 块码垛物料块，完成整个搬运码垛流程。

工业机器人多工位码垛的工作路径点位详细说明见表 3-8。

表 3-8 多工位码垛点位的介绍说明

点位名称	功能说明
Home	工作原点（安全起始点）
Area0104R	码垛平台 A 区域的过渡点
Area0301W	码垛平台 A 取料位置点
Area0302R	码垛平台 B 1 号工位区域的过渡点
Area0303W 至 Area0308W	码垛平台 B 的 1 号工位放料位置点（码放 2 层，每层 3 块）
Area0309R	码垛平台 B 2 号工位区域的过渡点
Area0310W 至 Area0315W	码垛平台 B 的 2 号工位放料位置点（码放 2 层，每层 3 块）
变量名称	功能说明
NumCount1	1 号工位码垛物料块的计数器
NumCount2	2 号工位码垛物料块的计数器

码垛平台 A 是一个带倾斜角的滑台。工业机器人抓取码垛物料块时，由于倾斜角的存在，夹爪工具抓取码垛物料块的姿态并非垂直地面向下，若使用基坐标系作为基准，示教码垛物料块的抓取位置会增加操作难度，带来不便。

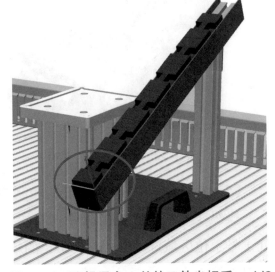

另外，为了将物料从码垛平台 A 的滑台中平滑取出，夹爪工具需沿着滑台垂直向上移动以取出码垛物料块，实现这一运动可通过基于抓取物料点沿垂直滑台向上的方向做偏移过渡来实现，使用基坐标系为基准难以确保对方向的要求。

故在码垛平台 A 处，建立一个辅助坐标系，即工件坐标系"wobj2"，如图 3-23 所示。在进行码垛平台 A 取料位置点的示教时，以 wobj2 坐标系作为基准，进行工业机器人在码垛平台 A 取料过程中各姿态的位置计算。

图 3-23　码垛平台 A 处的工件坐标系 wobj2

 任务实施

1. 多工位码垛程序的编写

（1）在搬运码垛程序模块（Palletizing）中，新建一个例行程序，用于示教和编写码垛平台 A 抓取码垛物料块的程序 MCarry（ ）。

（2）通过控制信号"ToTDigQuickChange"，手动安装夹爪工具。

新建 jointtarget 类型的程序数据 Home，并手动输入设定 Home 的数值（参考值如下：该数值对应工业机器人的姿态为五轴垂直向下，其余关节轴均为 0°）。

Home：=[[0，0，0，0，90，0]，[9E+09，9E+09，9E+09，9E+09，9E+09，9E+09]]。

（3）手动操纵工业机器人，调整工业机器人的姿态，使得夹爪工具的爪片垂直码垛平台 A 上取料位置处的码垛物料块，复位信号"ToTDigGrip"控制夹爪工具张开，如图 3-24 所示。新建 robtarget 类型的程序数据"Area0104R"，点击修改位置完成码垛平台 A 区域过渡点的示教。

（4）在手动操纵界面设定工件坐标系为"wobj2"后，手动操纵工业机器人运动到码垛物料块的抓取位置"Area0301W"，如图 3-25 所示。新建 robtarget 类型的程序数据"Area0301W"，点击"修改位置"完成码垛平台 A 取料位置点的示教。

注意：在示教 Area0301W 点位过程中，选择合适的动作模式进行手动操纵，确保在抓取位置上夹爪可以顺利抓取物料块。

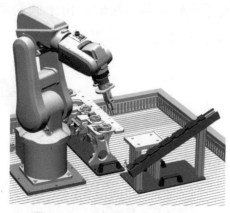

图 3-24　控制夹爪工具张开

图 3-25　码垛物料块的抓取位置

（5）置位信号"ToTDigGrip"控制夹爪工具闭合夹紧码垛物料块，如图 3-26 所示。

操纵工业机器人抓取码垛物料块往码垛平台 B 的 1 号工位运动，完成图示码垛平台 B 处 1 号工位区域过渡点 Area0302R 的示教（要求夹爪工具爪片与码垛平台 B 上 1 号工位处的物料承接面垂直）。

（6）操纵工业机器人在夹爪工具抓取码垛物料块的状态下运动，将该码垛物料块放置在 1 号工位对应的码放位置。新建 robtarget 类型的程序数据"Area0303W"，点击"修改位置"完成 1 号工位第 1 块码垛物料块码放位置的示教。复位信号 ToTDigGrip 控制夹爪工具张开，放开物料块。

（7）参照前序流程步骤，操纵工业机器人抓取码垛物料块，完成 1 号工位第 2 块码垛物料块码放（Area0304W）位置、第 3 块码垛物料块码放（Area0305W）位置、第 4 块码垛物料块码放（Area0306W）位置、第 5 块码垛物料块码放（Area0307W）位置和第 6 块码垛物料块码放（Area0308W）位置的示教。

1 号工位的码垛物料块，每层的码放顺序均一致，如图 3-27 所示。

图 3-26　过渡点 Area0302R

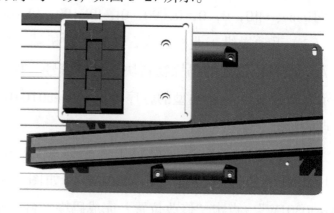

图 3-27　1 号工位的码垛物料块

（8）1 号工位的码垛物料块垛形，如图 3-28 所示。

（9）操控工业机器人抓取码垛物料块运动到码垛平台 B 的 2 号工位上方，如图 3-29 所示。完成码垛平台 B 的 2 号工位区域过渡点 Area0309R 的示教（要求夹爪工具爪片与码垛平台 B 上 2 号工位处的物料承接面尽可能垂直）。

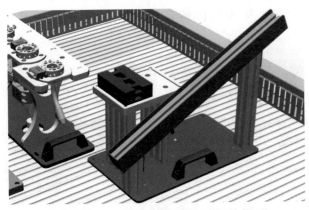

图 3-28　1 号工位的码垛物料块垛形

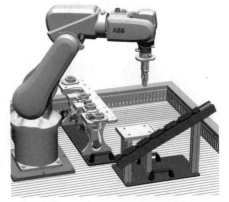

图 3-29　过渡点 Area0309R 点位示教

（10）参照码垛平台 B 的 1 号工位码垛相关点位示教方法，完成 2 号工位第 1 块码垛物料块码放（Area0310W）位置、第 2 块码垛物料块码放（Area0311W）位置、第 3 块码垛物料块码放（Area0312W）位置、第 4 块码垛物料块码放（Area0313W）位置、第 5 块码垛物料块码放（Area0314W）位置和第 6 块码垛物料块码放（Area0315W）位置的示教。

2 号工位的码垛物料块，每层的码放顺序均一致，如图 3-30 所示。

（11）2 号工位的码垛物料块垛形，如图 3-31 所示。

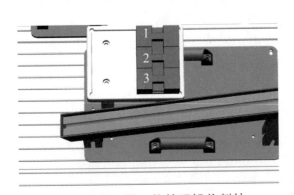

图 3-30　2 号工位的码垛物料块

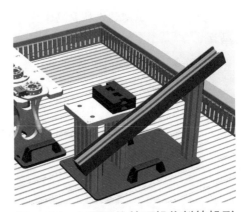

图 3-31　2 号工位的码垛物料块垛形

（12）完成点位的示教后，编写图示工业机器人在码垛平台 A 处抓取码垛物料块的程序（MCarry 仅供参考），如图 3-32 所示。

功能：装有夹爪工具的工业机器人从 Home 点出发，运动到码垛平台 A 取料位置点，抓取块码垛物料块后，返回 Home 点。

注意：在码垛平台 A 取料位置点前后添加偏移指令语句设置合适的过渡点位；在夹爪工具动作前后添加时间等待指令语句，确保夹爪工具动作到位；在物料抓取前，添加复位指

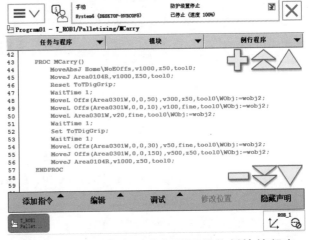

图 3-32　码垛平台 A 处抓取码垛物料块的程序

令语句，确保夹爪工具已经打开。

（13）新建例行程序"MPutOption1"，并完成1号工位码垛程序"MPutOption1（ ）"的编写（仅供参考）。

```
PROC   MPutOption1 ()
    MoveJ Area0302R, v1000, Z20, tool0;
 ！工业机器人抓取码垛物料块运动到码垛平台B的1号工位放料位置路径上的过渡点
    TEST NumCount1
 ！判断当前码放的是1号工位的第几块码垛物料块
    CASE 1:
        MoveL Offs (Area0303W, 0, 0, 100), v300, z50, tool0;
        MoveL Offs (Area0303W, 0, 0, 50), v300, fine, tool0;
        MoveL Offs (Area0303W, 0, 0, 10), v100, fine, tool0;
        MoveL Area0303W, v20, fine, tool0;
        WaitTime 1;
        Reset ToTDigGrip;
        WaitTime 1;
        MoveL Offs (Area0303W, 0, 0, 30), v50, fine, tool0;
        MoveJ Offs (Area0303W, 0, 0, 150), v500, z50, tool0;
 ！ 工业机器人抓取码垛物料块运动到1号工位的第1块码垛物料块码放的位置，完成该物
料块的码放
    CASE 2:
        MoveL Offs (Area0304W, 0, 0, 100), v300, z50, tool0;
        MoveL Offs (Area0304W, 0, 0, 50), v300, fine, tool0;
        MoveL Offs (Area0304W, 0, 0, 10), v100, fine, tool0;
        MoveL Area0304W, v20, fine, tool0;
        WaitTime 1;
        Reset ToTDigGrip;
        WaitTime 1;
        MoveL Offs (Area0304W, 0, 0, 30), v50, fine, tool0;
        MoveJ Offs (Area0304W, 0, 0, 150), v500, z50, tool0;
 ！ 工业机器人抓取码垛物料块运动到1号工位的第2块码垛物料块码放的位置，完成该物
料块的码放
    CASE 3:
        MoveL Offs (Area0305W, 0, 0, 100), v300, z50, tool0;
        MoveL Offs (Area0305W, 0, 0, 50), v300, fine, tool0;
        MoveL Offs (Area0305W, 0, 0, 10), v100, fine, tool0;
        MoveL Area0305W, v20, fine, tool0;
        WaitTime 1;
        Reset ToTDigGrip;
        WaitTime 1;
```

```
            MoveL Offs (Area0305W, 0, 0, 30), v50, fine, tool0;
            MoveJ Offs (Area0305W, 0, 0, 150), v500, z50, tool0;
```
! 工业机器人抓取码垛物料块运动到 1 号工位的第 3 块码垛物料块码放的位置，完成该物料块的码放

```
        CASE 4:
            MoveL Offs (Area0306W, 0, 0, 100), v300, z50, tool0;
            MoveL Offs (Area0306W, 0, 0, 50), v300, fine, tool0;
            MoveL Offs (Area0306W, 0, 0, 10), v100, fine, tool0;
            MoveL Area0306W, v20, fine, tool0;
            WaitTime 1;
            Reset ToTDigGrip;
            WaitTime 1;
            MoveL Offs (Area0306W, 0, 0, 30), v50, fine, tool0;
            MoveJ Offs (Area0306W, 0, 0, 150), v500, z50, tool0;
```
! 工业机器人抓取码垛物料块运动到 1 号工位的第 4 块码垛物料块码放的位置，完成该物料块的码放

```
        CASE 5:
            MoveL Offs (Area0307W, 0, 0, 100), v300, z50, tool0;
            MoveL Offs (Area0307W, 0, 0, 50), v300, fine, tool0;
            MoveL Offs (Area0307W, 0, 0, 10), v100, fine, tool0;
            MoveL Area0307W, v20, fine, tool0;
            WaitTime 1;
            Reset ToTDigGrip;
            WaitTime 1;
            MoveL Offs (Area0307W, 0, 0, 30), v50, fine, tool0;
            MoveJ Offs (Area0307W, 0, 0, 150), v500, z50, tool0;
```
! 工业机器人抓取码垛物料块运动到 1 号工位的第 5 块码垛物料块码放的位置，完成该物料块的码放

```
        DEFAULT:
            MoveL Offs (Area0308W, 0, 0, 100), v300, z50, tool0;
            MoveL Offs (Area0308W, 0, 0, 50), v300, fine, tool0;
            MoveL Offs (Area0308W, 0, 0, 10), v100, fine, tool0;
            MoveL Area0308W, v20, fine, tool0;
            WaitTime 1;
            Reset ToTDigGrip;
            WaitTime 1;
            MoveL Offs (Area0308W, 0, 0, 30), v50, fine, tool0;
            MoveJ Offs (Area0308W, 0, 0, 150), v500, z50, tool0;
```
! 工业机器人抓取码垛物料块运动到 1 号工位的第 6 块码垛物料块码放的位置，完成该物料块的码放

```
        ENDTEST
```

```
        MoveJ Area0302R, v1000, Z20, tool0;
        MoveAbsJ Home\NoEOffs, v1000, z50, tool0;
    ! 工业机器人完成码垛物料块的码放后，经过渡点运动回Home点
ENDPROC
```

（14）新建例行程序"MPutOption2"，参照1号工位码垛程序的编写方法完成2号工位码垛程序"MPutOption2()"的编写。

（15）新建例行程序"Palletizing2()"，在该例行程序中，调用多工位搬运码垛各部分子程序，实现多工位码垛，如图3-33所示。

按照图示调用多工位搬运码垛各子程序，完成多工位码垛程序的编写。

功能：根据工位选择信号（FrPDigOption）的值，实现码垛物料块在指定工位上的码垛。

（16）当信号FrPDigOption=0时，工业机器人循环执行6次从Home点运动至码垛平台A取物料块，再将物料块码放至码垛平台B的1号工位的动作，完成码垛流程。

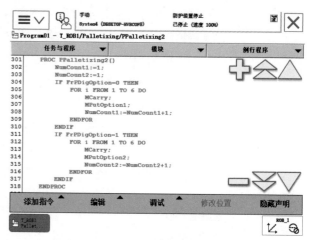

图3-33　多工位码垛程序的编写

当信号FrPDigOption=1时，工业机器人循环执行6次从Home点运动至码垛平台A取物料块，再将物料块码放至码垛平台B的2号工位的动作，完成码垛流程。

2. 多工位码垛程序的运行

1）手动控制模式下运行和调试多工位码垛程序

注意：在运行多工位码垛程序前，需先确认码垛平台A上已填满码垛物料块，码垛平台B上已清空且无任何障碍物，工业机器人本体单元已安装好夹爪工具。

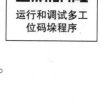

运行和调试多工位码垛程序

手动控制模式下运行多工位码垛程序的操作步骤如下。

（1）将控制柜模式开关转到手动模式。

（2）进入程序编辑界面，将程序指针移至多工位码垛程序（PPalletizing2）。

（3）在触摸屏上完成工位（1号工位或2号工位）的选择。

（4）按下使能按钮并保持在中间挡位置，按压程序调试按钮"前进一步"，逐步运行，并完成程序的调试。

（5）完成程序的单步调试后，可保持按下使能按钮第一挡，按压"启动"按钮，进行多工位码垛程序的连续运行。

2）自动控制模式下运行多工位码垛程序

多工位码垛程序在完成手动调试运行后，才可在自动控制模式下运行。

注意：在运行多工位码垛程序前，需先确认码垛平台 A 上已填满码垛物料块，码垛平台 B 上已清空且无任何障碍物，工业机器人本体单元已安装好夹爪工具。

（1）在 main 程序下调用多工位码垛程序"PPalletizing2"。

注意：自动控制模式下，程序只能从主程序（main）开始运行，故在自动控制下运行某程序时，必须先将其调用至主程序中。

（2）将控制柜模式开关转到自动模式，并在示教器上点击"确定"，完成确认模式的更改操作。

（3）将程序指针移动至主程序（main）中。

（4）在触摸屏上完成工位（1 号工位或 2 号工位）的选择。

（5）按下"电机开启"。

（6）按"前进一步"按钮，可逐步运行 PPalletizing2 程序。按"启动"按钮，即可直接连续运行 PPalletizing2（）程序。

 任务评价

任务评价表见表 3-9，活动过程评价表见表 3-10。

表 3-9　任务评价表

评价项目	比例	配分	序号	评价要素	评分标准	自评	教师评价
6S 职业素养	30%	30 分	1	选用适合的工具实施任务，清理无须使用的工具	未执行扣 6 分		
			2	合理布置任务所需使用的工具，明确标志	未执行扣 6 分		
			3	清除工作场所内的脏污，发现设备异常立即记录并处理	未执行扣 6 分		
			4	规范操作，杜绝安全事故，确保任务实施质量	未执行扣 6 分		
			5	具有团队意识，小组成员分工协作，共同高质量完成任务	未执行扣 6 分		

评价项目	比例	配分	序号	评价要素	评分标准	自评	教师评价
多工位码垛工作站编程与运行	70%	70分	1	能规划多工位码垛案例的工作路径	未掌握扣10分		
			2	能完成多工位码垛程序的编写	未掌握扣15分		
			3	能完成工作点位的位置示教	未掌握扣15分		
			4	能在手动控制模式下运行和调试多工位码垛程序	未掌握扣15分		
			5	能在自动控制模式下运行多工位码垛程序	未掌握扣15分		
合计							

表3-10 活动过程评价表

评价指标	评价要素	分数	分数评定
信息检索	能有效利用网络资源、工作手册查找有效信息；能用自己的语言有条理地去解释、表述所学知识；能将查找到的信息有效转换到工作中	10	
感知工作	是否熟悉各自的工作岗位，认同工作价值；在工作中，是否获得满足感	10	
参与状态	与教师、同学之间是否相互尊重、理解、平等；与教师、同学之间是否能够保持多向、丰富、适宜的信息交流。 探究学习、自主学习不流于形式，处理好合作学习和独立思考的关系，做到有效学习；能提出有意义的问题或能发表个人见解；能按要求正确操作；能够倾听、协作分享	20	
学习方法	工作计划、操作技能是否符合规范要求；是否获得了进一步发展的能力	10	
工作过程	遵守管理规程，操作过程符合现场管理要求；平时上课的出勤情况和每天完成工作任务情况；善于多角度思考问题，能主动发现、提出有价值的问题	15	
思维状态	是否能发现问题、提出问题、分析问题、解决问题	10	
自评反馈	按时按质完成工作任务；较好地掌握了专业知识点；具有较强的信息分析能力和理解能力；具有较为全面严谨的思维能力并能条理明晰表述成文	25	
总分		100	

 **项目知识测评**

1. 单选题

（1）在博途软件的 HMI 画面设计界面中，选择以下哪个基本对象可以在 HMI 界面中添加需要的文字内容？（　　）

A. 文本域　　　　　B. 图形视图　　　　　C. 连接器　　　　　D. 线

（2）若信号 FrPDigOption 的地址为 1，那么配置信号时应在（　　）选项中输入 1。

A. Default Value　　　　　　　　　　B. Device Mapping

C. Assigned to Device　　　　　　　　D. Device

（3）在工业机器人的示教与编程中，定义工件坐标系的意义说法正确的是（　　）。

A. 每个工件都必须定义一个工件坐标系。

B. 定义合适的工件坐标系，有利于工业机器人工作路径的偏移。

C. 定义工件坐标系就是设定一个工件的载荷和质量。

D. 以上说法都不对。

2. 多选题

（1）多工位码垛流程程序运行之前，应注意以下哪些事项？（　　）

A. 确认码垛平台 A 上已填满码垛物料块。

B. 码垛平台 B 上已清空且无任何障碍物。

C. 工业机器人的运行模式必须为手动。

D. 工业机器人本体单元已安装好夹爪工具。

（2）在进行多工位码垛工作站 PLC CPU 电气接线过程中需要注意以下哪些事项？（　　）

A. 需要根据工作站的电气图及 PLC CPU 模块接线图进行接线。

B. 需要在工作站上电的情况下进行电气部分的接线。

C. 需要在工作站断电的情况下进行电气部分的接线。

D. 将信号线插入对应接线端口后需要旋紧螺钉。

3. 判断题

（1）西门子 PLC CPU 1214FC 模块在使用前，需要完成模块 24 V 供电线路的接线。

（　　）

（2）PLC 程序中的变量一定会被应用于触摸屏程序中。　　　　　　　　　　　（　　）

（3）在设计西门子 KTP 900 系列的 HMI 画面时，如将按钮的功能设置为"复位位"，可以实现按下对应按钮后与该按钮关联信号的置位。　　　　　　　　　　　　　　（　　）

项目4
工业机器人装配工作站操作与编程

 项目导言

　　本项目围绕工业机器人操作与运维岗位职责和企业实际生产中的工业机器人操作与运维工作内容，就工业机器人装配工作站系统的安装方法、电气系统编程与调试的方法以及装配工作站编程与运行的过程进行了详细的介绍，并设置了丰富的实训任务，使学生通过实操进一步掌握工业机器人装配工作站的操作与编程。

 项目目标

　　1. 培养装配工作站系统（机械、电气、气路）的能力。
　　2. 培养装配工作站电气系统（PLC、工业机器人）调试的能力。
　　3. 培养对工业机器人装配工作站编程和运行测试的能力。

```
                                        ┌────────────────────────┐
                                        │   装配工作站系统安装    │
                                        └────────────────────────┘
┌──────────────────────────────────┐   ┌────────────────────────────┐
│ 工业机器人装配工作站操作与编程   │───│ 装配工作站电气系统编程与调试 │
└──────────────────────────────────┘   └────────────────────────────┘
                                        ┌────────────────────────┐
                                        │   装配工作站编程与运行  │
                                        └────────────────────────┘
```

任务 4.1　装配工作站系统安装

任务描述

　　某装配工作站系统在使用之前需要先进行机械部件、电气和气路的连接，为后续的装配工作站编程与运行做好准备，请根据工作站的机械装配图、电气原理图、气路接线图和实训指导手册完成装配工作站系统安装。

任务目标

　　1. 能根据工作站的机械装配图完成装配工作站机械部分的安装。

　　2. 能根据电气原理图完成装配工作站电气接线。

　　3. 能根据气路接线图完成装配工作站气路的连接。

所需工具

　　内六角扳手套组、卷尺、游标卡尺、一字螺丝刀、十字螺丝刀、万用表、安全操作指导书。

学时安排

　　建议学时共 4 学时，其中相关知识学习建议 2 学时，学员练习建议 2 学时。

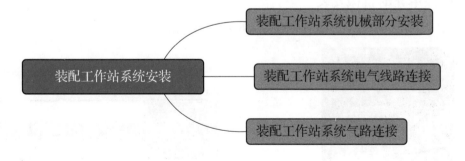

知识储备

　　装配工作站系统包括工业机器人系统（工业机器人本体和控制器）、工具单元、装配单元、PLC 总控单元。其中，装配单元包括安装检测工装单元、PCB 电路板盖板放置区和异形芯片原料料盘。装配工作站安装完成后的示意图如图 4-1 所示。

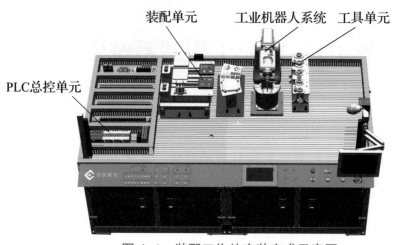

图 4-1　装配工作站安装完成示意图

 任务实施

1. 装配工作站系统机械部分安装

1）装配工作站系统机械部分的安装

（1）根据工作站机械布局图，使用卷尺测量出工业机器人本体、装配单元、工具单元的安装位置并做好相应的标记。

装配工作站系统
机械部分安装

（2）完成工业机器人本体、控制柜、示教器、工具单元、安装检测工装单元的机械安装。

（3）将 4 个 M5 内六角螺钉、弹簧垫圈、平垫圈、T 形螺母先装到安装检测工装单元的 4 个固定孔位上，并将安装检测工装单元放置到已经测量出的台面安装位置上。

（4）用规格为 4 mm 的内六角扳手锁紧螺钉，固定单元底板。考虑到受力平衡，锁紧时需要采用十字对角的顺序锁紧螺钉。完成安装检测工装单元机械安装后的示意图如图 4-2 所示。

（5）参考安装检测工装单元的机械安装方法，完成 PCB 电路板盖板放置区和异形芯片原料料盘的机械安装。

2）PLC 总控单元的机械安装

PLC 总控单元的机械安装，安装完成后的示意图如图 4-3 所示。

图 4-2　安装检测工装单元机械安装后的示意图

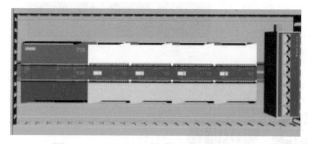

图 4-3　PLC 总控单元的机械安装

2. 装配工作站系统电气线路连接

在本小节任务中需要完成装配工作站系统的电气连接，包括工业机器人系统、空气压缩机、散热风扇的电源接线、装配单元的航插电缆连接，以及 PLC 总控单元的供电及信号接线。装配工作站电气连接步骤如下。

1）装配工作站系统电气连接

（1）工业机器人控制柜、示教器的电气接线方法可以参考"工业机器人操作与运维初级"中的"工业机器人控制柜的安装"及"安装工业机器人示教器"。

（2）连接装配单元的电缆航空插头和插座，连接时对准插针和插座孔，注意不要损坏插针，保证插头插紧并且锁紧插头，如图 4-4 所示。

图 4-4　连接装配单元的电缆航空插头和插座

（3）完成工业机器人控制柜、空气压缩机、散热风扇的电源插头与插座之间的连接。

2）PLC CPU 1214FC DC/DC/DC 的接线

（1）完成 PLC CPU 24 V 供电接线，如图 4-5 所示。

（2）完成 PLC CPU 给输出回路供电部分的接线，如图 4-6 所示。

图 4-5　PLC CPU 24 V 供电接线

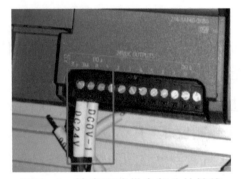

图 4-6　输出回路供电部分的接线

（3）查看装配单元 PLC CPU 输入输出信号电路图，确认需要接的输入输出信号线。

（4）完成装配单元 PLC CPU 输入输出信号接线，如图 4-7、图 4-8 所示。

图 4-7　装配单元 PLC CPU 输入信号接线

图 4-8　装配单元 PLC CPU 输出信号接线

3）SM 1223 数字量输入输出模块接线

（1）完成给 SM 1223 数字量输入输出模块 24 V 供电的接线。

（2）查看装配单元 SM 1223 信号模块输入输出信号电路图，确认需要接的输入输出信号线。

（3）完成给 SM 1223 信号模块输入输出信号接线，如图 4-9、图 4-10 所示。

图 4-9　SM 1223 信号模块输入信号接线

图 4-10　SM 1223 信号模块输出信号接线

（4）根据实际 PLC 编程情况及电路图，完成 PLC 控制器 I/O 接线区的接线。

4）故障安全数字量输入信号模块 SM 1226 F-DI 的接线

参考任务 2.1 中搬运码垛工作站系统电气连接中的接线方法完成故障安全数字量输入信号模块 SM 1226 F-DI 的接线。

3. 装配工作站系统气路连接

在本小节任务中，需要完成装配工作站系统的气路连接，通过查看工作的气路接线图（参见附录Ⅱ工作站气路接线图），完成控制快换装置动作，以及控制吸盘工具小吸嘴、大吸嘴动作的气路连接，控制装配单元推动气缸、升降气缸动作的气路连接，并对气路连接的正确性进行测试。装配工作站系统气路连接步骤如下。

1）控制吸盘工具小吸嘴、大吸嘴动作的气路连接

（1）气源到电磁阀的气路系统已经集成，此处需要连接小吸嘴真空电磁阀、大吸嘴吸真空电磁阀到工业机器人快换装置主端口之间的气路。

（2）首先连接控制吸盘工具小吸嘴动作的气路，使用气管连接小吸嘴真空电磁阀上的气管接口和真空发生器上气管接口（空气压缩机输出的气体通过真空发生器后可以产生负压），如图 4-11、图 4-12 所示。

图 4-11　小吸嘴真空电磁阀气管接口

图 4-12　真空发生器上气管接口

（3）使用气管连接真空发生器上气管接口和压力开关上的气管接口（此处需要用到一个三通转接接口），如图 4-13、图 4-14 所示。

图 4-13 真空发生器上气管接口　　　图 4-14 气管连接真空发生器压力开关上的气管接口

（4）使用气管连接三通转接接口剩下的一个接口与快换装置主端口上的 6 号气管接口。

（5）参考前面的方法完成控制吸盘工具大吸嘴动作电磁阀到快换装置主端口上的气路连接。

（6）按压控制工业机器人工具快换装置动作的电磁阀上的手动调试按钮，使快换装置主端口锁紧钢珠缩回，然后把吸盘工具装到快换装置主端口上。

（7）通过按压控制小吸嘴吸真空电磁阀上的手动调试按钮，测试单吸盘是否能吸住一块异形芯片（注意在松开手动调试按钮时吸盘的吸力会消失，芯片会立即掉落，需要用手接住芯片），如图 4-15 所示。

（8）通过按压控制大吸嘴吸真空电磁阀上的手动调试按钮，测试大吸嘴吸盘是否能吸住 PCB 电路板盖板（注意在松开手动调试按钮时吸盘的吸力会消失，盖板会立即掉落，需要用另一手扶住 PCB 电路板盖板，以免盖板掉落损伤周边设备），如图 4-16 所示。

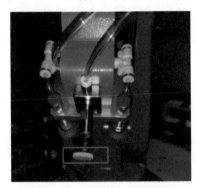

图 4-15 单吸盘吸取芯片　　　　　图 4-16 测试大吸嘴吸盘

2）控制装配单元推动气缸、升降气缸动作的气路连接及测试

（1）推动气缸、升降气缸电磁阀与各自两端的调速阀之间的气路已内部集成，查看工作站气路图，此处需要连接手滑阀与推动气缸、升降气缸电磁阀进气口的气路。

（2）截取适当长度的气管，连接推动气缸、升降气缸电磁阀与手滑阀。

（3）连接完成后整理气路并盖上线槽盖板，如图 4-17 所示。

图 4-17 整理气路并盖上线槽盖板

（4）通过按压1号工位推动气缸动作的电磁阀上的手动调试按钮，测试PCB电路板是否能随着推动气缸推出（2号工位推动气缸电磁阀的气路连接正确性的测试方法类似，此处不再赘述），如图4-18、图4-19所示。

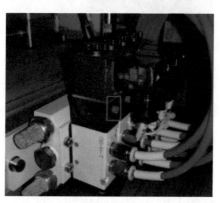

图4-18　1号工位推动气缸手动调试按钮

图4-19　测试推动气缸电磁阀的气路连接正确性

（5）通过按压控制1号工位升降气缸电磁阀上的手动调试按钮，测试1号工位检测指示灯是否能随着升降气缸下降。2号工位升降气缸电磁阀的气路连接正确性的测试方法类似，此处不再赘述。

 任务评价

任务评价表见表4-1，活动过程评价表见表4-2。

表4-1　任务评价表

评价项目	比例	配分	序号	评价要素	评分标准	自评	教师评价
6S职业素养	30%	30分	1	选用适合的工具实施任务，清理无须使用的工具	未执行扣6分		
			2	合理布置任务所需使用的工具，明确标志	未执行扣6分		
			3	清除工作场所内的脏污，发现设备异常立即记录并处理	未执行扣6分		
			4	规范操作，杜绝安全事故，确保任务实施质量	未执行扣6分		
			5	具有团队意识，小组成员分工协作，共同高质量完成任务	未执行扣6分		

续表

评价项目	比例	配分	序号	评价要素	评分标准	自评	教师评价
装配工作站系统安装	70%	70 分	1	能根据工作站的机械装配图完成装配工作站机械部分的安装	未掌握扣 15 分		
			2	能根据电气原理图完成装配工作站电气接线	未掌握扣 15 分		
			3	能根据气路接线图完成装配工作站气路的连接	未掌握扣 20 分		
			4	能完成装配工作站气路连接准确性测试	未掌握扣 20 分		
合计							

表 4-2　活动过程评价表

评价指标	评价要素	分数	分数评定
信息检索	能有效利用网络资源、工作手册查找有效信息；能用自己的语言有条理地去解释、表述所学知识；能将查找到的信息有效转换到工作中	10	
感知工作	是否熟悉各自的工作岗位，认同工作价值；在工作中，是否获得满足感	10	
参与状态	与教师、同学之间是否相互尊重、理解、平等；与教师、同学之间是否能够保持多向、丰富、适宜的信息交流。 探究学习、自主学习不流于形式，处理好合作学习和独立思考的关系，做到有效学习；能提出有意义的问题或能发表个人见解；能按要求正确操作；能够倾听、协作分享	20	
学习方法	工作计划、操作技能是否符合规范要求；是否获得了进一步发展的能力	10	
工作过程	遵守管理规程，操作过程符合现场管理要求；平时上课的出勤情况和每天完成工作任务情况；善于多角度思考问题，能主动发现、提出有价值的问题	15	
思维状态	是否能发现问题、提出问题、分析问题、解决问题	10	
自评反馈	按时按质完成工作任务；较好地掌握了专业知识点；具有较强的信息分析能力和理解能力；具有较为全面严谨的思维能力并能条理明晰表述成文	25	
总分		100	

任务 4.2　装配工作站电气系统编程与调试

任务描述

某装配工作站的工业机器人与 PLC 进行通信，实现电路板的装配，请根据实际需求进行 PLC 程序的编写，并根据实训指导手册完成装配工作站电气系统的调试。

任务目标

1. 根据操作步骤完成 PLC 程序的编写和下载。
2. 根据操作步骤完成装配工作站电气系统调试的操作。

所需工具

安全操作指导书、示教器、触摸屏用笔、计算机。

学时安排

建议学时共 8 学时，其中相关知识学习建议 2 学时，学员练习建议 6 学时。

工作流程

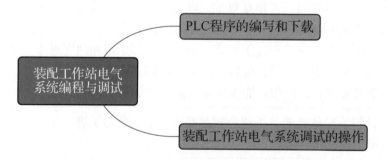

任务实施

1. PLC 程序的编写和下载

在装配工作站中，工业机器人在进行电路板的装配前，需外部设备触发 PLC 给到安装检测工装单元一个信号，触发待装配电路板运动到装配位置；工业机器人在等到 PLC 发送来的待装配电路板到位信号后，开始进行电路板的装配。

编写 PLC 程序实现外部设备、PLC 和工业机器人之间的通信，控制电路板装配程序的启动运行。装配工作站中，所涉及的 PLC 端的输入输出见表 4-3。

表 4-3　装配工作站 PLC 端的输入输出

硬件设备	端口号	名称	对应设备
PLC 的输出			
SM 1223 DC_1	3	Q3.3	标准 I/O 板 DSQC 652
CPU 1214FC DC/DC/DC	2	Q0.2	1 号推出气缸
PLC 的输入			
CPU 1214FC DC/DC/DC	4	I0.4（自动启动）	自动启动按钮
SM 1223 DC_1	2	I2.2（1 号前限）	1 号（推出气缸）前限位开关
	3	I2.3（1 号后限）	1 号（推出气缸）后限位开关

注意：装配工作站已根据电气图纸，完成了所有通信的硬件接线。

1）编写 PLC 程序

完成装配工作站 PLC 硬件组态的设计后，进行装配工作站 PLC 程序的编写，PLC 程序的编写步骤如下。

（1）完成装配工作站 PLC 硬件组态的设计后，在 PLC 设备的菜单列表下，点开"设备"并点击"添加新块"，如图 4-20 所示。

（2）添加一个"电路板装配"函数模块（FC），并在该模块下编写图示功能程序段，如图 4-21 所示。

其中，"确认启动"常开触点与 PLC 的输入点 I0.4 关联，"1 号前限"触点与输入点 I2.2 关联，"1 号后限"触点与输入点 I2.3 关联，"启动"输出线圈与输出点 Q3.3 关联，"1 号推出气缸"输出线圈与输出点 Q0.2 关联。

图 4-20　点击"添加新块"

程序释义：工作站初始启动状态时，1 号推出气缸处于后限位，"确认启动"常开触点处于断开状态，"1 号后限"常开触点处于闭合状态。

按下"自动启动"按钮后，"确认启动"常开触点闭合，"1 号推出气缸"输出线圈得电并保持自锁；1 号推出气缸运动到前限位时，"1 号后限"常开触点断开，"1 号前限"常闭触点断开，对应"1 号前限"常开触点闭合，则"启动"输出线圈得电。

（3）在程序块列表中点击"Main"，完成图示程序的编写和变量的设定，如图 4-22 所示。

其中"1 号前限"触点对应连接 PLC 输入点 I2.2，"1 号后限"触点对应输入点 I2.3，外部设备（即自动启动按钮）对应连接输入点 I0.4，输出点 Q3.3 对应连接工业机器人 I/O 模块的一个输入点，即对应工业机器人输入信号"FrPDigReady"。

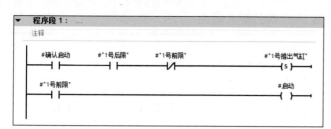

图 4-21　1号工位控制功能程序段（1）

图 4-22　1号工位控制功能程序段（2）

程序释义：在按下"自动启动"按钮后，触点 I0.4 闭合，1 号推出气缸运动至前限位，置位 1 号推出气缸输出点 Q0.2。

1 号推出气缸在前限位时，触点 I2.2 闭合，则输出点 Q3.3 的输出值为 1，对应工业机器人输入信号 FrPDigReady=1。

2）PLC 程序的下载

（1）使用以太网线缆连接计算机和 PLC。

（2）修改 PC 的 IP 地址，将其设置为与 PLC 在同一网段（设置最后位的数值不同）。

（3）打开电路板装配 PLC 程序的项目文件，点击"下载"。

（4）搜索 PLC 设备，选择程序所需下载到的 PLC 设备并点击"下载"。根据信息提示对话框，完成 PLC 程序的下载。

2. 装配工作站电气系统调试的操作

1）工业机器人 I/O 信号的配置

多工位码垛工作站中所需用到的工业机器人信号，见表 4-4。然后根据 I/O 信号表的参数，完成 I/O 信号的配置

表 4-4　装配工作站的工业机器人 I/O 信号

硬件设备	端口号	名称	功能描述	对应设备
工业机器人输出信号				
标准 I/O 板 DSQC 652	9	ToTDigSucker1	控制吸盘工具（小吸嘴）工作状态的信号（值为 1 时，吸盘工具打开；值为 0 时，吸盘工具关闭）	吸盘工具
	8	ToTDigSucker2	控制吸盘工具（大吸嘴）工作状态的信号（值为 1 时，吸盘工具打开；值为 0 时，吸盘工具关闭）	
	7	ToTDigQuickChange	控制快换装置信号［值为 1 时，快换装置为卸载状态（钢珠缩回）；值为 0，快换装置为装载状态（钢珠弹出）］	快换装置
工业机器人输入信号				
标准 I/O 板 DSQC 652	0	FrPDigReady	启动电路板装配流程的信号（值为 0 时，不能运行装配程序；值为 1 时，可以运行装配程序）	PLC

在进行输入信号"FrPDigReady"I/O信号配置时涉及的参数说明见表4-5。

表4-5 信号 FrPDigReady 配置参数的说明

参数名称	说明	信号参数对应值
Name	设定信号的名字	FrPDigReady
Type of Signal	设定信号的类型	Digital Input
Assigned to Device	设定信号所在的 I/O 模块（设备）	DSQC 652
Device Mapping	设定信号所占用的地址	0

工业机器人端 I/O 信号的配置方法和步骤如下。

（1）在控制面板菜单下，点击"配置"。

（2）在"配置 –I/O System"参数界面，双击"Signal"。

（3）在 Signal 界面，点击"添加"进行信号"FrPDigReady"的添加。

（4）双击"Name"，完成信号名称（FrPDigReady）的设定。

（5）双击"Type of Signal"设定信号的类型。

注：FrPDigReady 的信号类型为"Digital Input"。

（6）双击"Assigned to Device"，选择信号所在的 I/O 模块完成设定。

注：FrPDigReady 信号所在 I/O 模块为"DSQC 652"。

（7）双击"Device Mapping"，输入地址值后点击"确定"，完成信号地址的设定。

注：设定信号"FrPDigReady"的地址为 0。

（8）完成信号参数值的设定后，点击"确定"。

在弹出的控制器重启界面内点击"是"，使 FrPDigReady 信号的配置生效，完成信号的配置。

采用相同的方法和步骤，完成信号"ToTDigSucker1""ToTDigSucker2"和"ToTDigQuick Change"的配置。

注：ToTDigSucker1、ToTDigSucker2 和 ToTDigQuickChange 的信号类型为"Digital Output"。

2）电气系统调试

在完成工业机器人 I/O 信号的配置和 PLC 程序的下载后，对装配工作站的电气系统进行调试。

详细的调试操作步骤如下。

（1）控制信号"ToTDigQuickChange"，手动安装吸盘工具。

（2）进入示教器的输入输出界面，勾选"数字输出"。

（3）选中信号"ToTDigSucker1"，设置信号的值并观察吸盘工具小吸嘴的工作状态。

当信号"ToTDigSucker1"的值为 1 时，吸盘工具的小吸嘴打开（即为可吸取芯片状态）；当信号"ToTDigSucker1"的值为 0 时，吸盘工具的小吸嘴关闭（即为可释放芯片状态）。

（4）选中信号"ToTDigSucker2"，设置信号的值并观察吸盘工具大吸嘴的工作状态。

当信号"ToTDigSucker2"的值为1时，吸盘工具的大吸嘴打开（即为可吸取芯片状态）；当信号"ToTDigSucker2"的值为0时，吸盘工具的大吸嘴关闭（即为可释放芯片状态）。

（5）若吸盘工具各吸嘴的工作状态与上述相符，则表明工作站的工业机器人与吸盘工具的通信正常。

若吸盘工具各吸嘴的工作状态与上述不符，则表明通信不正常；则需识读电气图纸，吸盘工具气路连接是否正确；依次排查电磁阀与工业机器人之间的电气接线是否有问题，直到通信正常。

（6）按下自动启动按钮后，进入示教器的"输入输出"。

（7）在"数字输入"视图中，查看信号"FrPDigReady"值的变化。

（8）当信号"FrPDigReady"的数值为1，则表明工作站的PLC与工业机器人通信正常；若FrPDigReady数值不发生改变，则表明通信不正常。

根据电气图纸，检查PLC程序是否正确；依次排查PLC与工业机器人之间的电气接线是否有问题；在博途软件中监测输入输出点的状态变化，判断是外部设备输入的问题还是PLC和工业机器人通信的问题。排查完后重新进行测试，直到通信正常，完成装配工作站电气系统的调试。

任务评价

任务评价表见表4-6，活动过程评价表见表4-7。

表4-6 任务评价表

评价项目	比例	配分	序号	评价要素	评分标准	自评	教师评价
6S职业素养	30%	30分	1	选用适合的工具实施任务，清理无须使用的工具	未执行扣6分		
			2	合理布置任务所需使用的工具，明确标志	未执行扣6分		
			3	清除工作场所内的脏污，发现设备异常立即记录并处理	未执行扣6分		
			4	规范操作，杜绝安全事故，确保任务实施质量	未执行扣6分		
			5	具有团队意识，小组成员分工协作，共同高质量完成任务	未执行扣6分		

评价项目	比例	配分	序号	评价要素	评分标准	自评	教师评价
装配工作站电气系统编程与调试	70%	70分	1	能完成装配工作站案例PLC程序的编写	未掌握扣15分		
			2	能完成装配工作站案例PLC程序的下载	未掌握扣15分		
			3	能根据I/O信号表，正确配置案例所需的工业机器人信号	未掌握扣20分		
			4	能完成装配工作站的电气系统调试	未掌握扣20分		
合计							

表 4-7　活动过程评价表

评价指标	评价要素	分数	分数评定
信息检索	能有效利用网络资源、工作手册查找有效信息；能用自己的语言有条理地去解释、表述所学知识；能将查找到的信息有效转换到工作中	10	
感知工作	是否熟悉各自的工作岗位，认同工作价值；在工作中，是否获得满足感	10	
参与状态	与教师、同学之间是否相互尊重、理解、平等；与教师、同学之间是否能够保持多向、丰富、适宜的信息交流。探究学习、自主学习不流于形式，处理好合作学习和独立思考的关系，做到有效学习；能提出有意义的问题或能发表个人见解；能按要求正确操作；能够倾听、协作分享	20	
学习方法	工作计划、操作技能是否符合规范要求；是否获得了进一步发展的能力	10	
工作过程	遵守管理规程，操作过程符合现场管理要求；平时上课的出勤情况和每天完成工作任务情况；善于多角度思考问题，能主动发现、提出有价值的问题	15	
思维状态	是否能发现问题、提出问题、分析问题、解决问题	10	
自评反馈	按时按质完成工作任务；较好地掌握了专业知识点；具有较强的信息分析能力和理解能力；具有较为全面严谨的思维能力并能条理明晰表述成文	25	
总分		100	

任务 4.3　装配工作站编程与运行

任务描述

某装配工作站的工业机器人进行电路板的装配，请根据实际情况编写装配程序，并根据实训指导手册完成装配工作站的编程与运行。

任务目标

1. 了解工业机器人电路板装配的工作流程和路径。

2. 根据操作步骤完成电路板装配程序的编写。

3. 根据操作步骤完成电路板装配程序的调试和运行。

所需工具

安全操作指导书、示教器、触摸屏用笔、芯片、PCB 电路板盖板、吸盘工具。

学时安排

建议学时共 8 学时，其中相关知识学习建议 1 学时，学员练习建议 7 学时。

工作流程

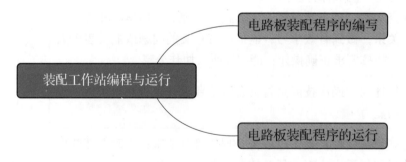

知识储备

在装配工作站中，工业机器人使用吸盘工具在装配单元的异形芯片原料料盘区域吸取芯片，运送到待装配电路板［见图 4-23（a）］的装配位置进行芯片的装配，完成电路板芯片安装后，吸取盖板，然后盖好，完成电路板的装配，如图 4-23（b）。

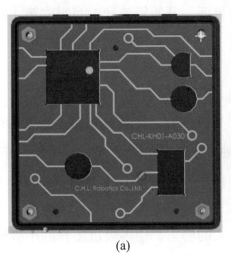 

(a)　　　　　　　　　　(b)

图 4-23　待装配的电路板和完成芯片安装的电路板

（a）待装配电路板；（b）完成芯片安装的电路板

电路板装配过程中，总共吸取装配 5 块芯片和 1 个盖板。工业机器人电路板装配的工作路径点位详细说明见表 4-8。

表 4-8　电路板装配的（全部）点位的介绍说明

点位名称	功能说明
HomeLeft	工作原点（左安全起始点）
Area0401R	芯片吸取区域的过渡点
Area0402W 至 Area0406W	芯片原料料盘上各芯片对应的吸取位置
Area0501R	芯片装配区域的过渡点
Area0502W 至 Area0506W	电路板上各芯片对应的装配位置
Area0407R	盖板吸取区域的过渡点
Area0408W	电路板盖板吸取位置
Area0507R	盖板装配区域的过渡点
Area0508W	电路板盖板装配位置

任务实施

1.电路板装配程序的编写

编写电路板装配程序的步骤如下。

1）新建程序模块及例行程序

（1）新建立一个"Assemble"程序模块，用来存放电路板装配的各个子程序。

（2）在装配程序模块（Assemble）中，新建一个例行程序，用于示教和编写吸取第 1 块芯片"集成电路"的程序。

（3）点击"显示例行程序"打开程序编辑界面，开始示教和编写吸取第1块芯片的程序 MCarryChip1（）。

2）点位的示教

（1）通过控制信号"ToTDigQuickChange"，手动安装吸盘工具。

新建 jointtarget 类型的程序数据 HomeLeft，并设定 HomeLeft 的数值（参考值如下：该数值对应工业机器人的姿态为5轴垂直向下，关节轴1往负方向转动90°，其余关节轴均为0°）。

HomeLeft: =[[-90, 0, 0, 0, 90, 0], [9E+09, 9E+09, 9E+09, 9E+09, 9E+09, 9E+09]]。

（2）手动操纵工业机器人，调整工业机器人的姿态，使得吸盘工具的小吸嘴的吸取面与料盘面平行，复位信号"ToTDigSucker1"控制吸盘工具关闭（即释放），如图4-24所示。新建 robtarget 类型的程序数据"Area0401R"，点击"修改位置"，完成芯片吸取区域过渡点的示教。示教过渡点 Area0401R 的位置时，应注意吸盘工具与周边设备设定合适的空间距离，避免发生碰撞。

（3）手动操纵工业机器人运动到第1块芯片"集成电路"的吸取位置，置位信号"ToTDigSucker1"控制吸盘工具打开，吸取芯片。新建 robtarget 类型的程序数据"Area0402W"，点击"修改位置"完成该吸取位置的示教。

（4）参照以上方法，完成图示芯片装配区域的过渡点 Area0501R 的示教（要求小吸嘴的吸取面与待装配电路板的装配面平行），如图4-25所示。

图4-24　调整工业机器人的姿态

图4-25　完成 Area0501R 的示教

（5）继续操纵工业机器人在吸盘工具吸取第1块芯片"集成电路"的状态下运动，将该芯片放置在电路板的对应装配位置上。新建 robtarget 类型的程序数据"Area0502W"，点击"修改位置"，完成该第1块芯片装配位置的示教。复位信号"ToTDigSucker1"控制吸盘工具关闭，放下芯片。

（6）参照第1块芯片"集成电路"点位的示教过程，完成第2块芯片"电容"的吸取（Area0403W）和装配（Area0503W）位置、第3块芯片"三极管"的吸取（Area0404W）和装配（Area0504W）位置、第4块芯片的"CPU"吸取（Area0405W）和装配（Area0505W）位置，以及第5块芯片"电容"的吸取（Area0406W）和装配（Area0506W）位置的示教，如图4-26所示。

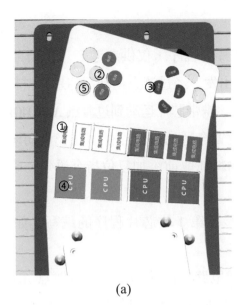
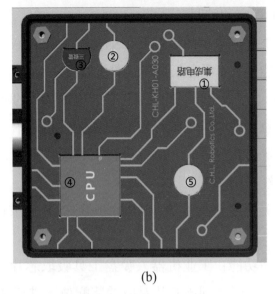

(a) (b)

图 4-26　芯片吸取、装配顺序
（a）芯片吸取顺序；（b）芯片装配顺序

（7）手动操纵工业机器人回到工作原点 HomeLeft，再调整吸盘工具姿态，使得吸盘工具的大吸嘴的吸取面与料盘面平行，复位信号"ToTDigSucker2"控制吸盘工具关闭（即释放），如图 4-27 所示。

（8）新建 robtarget 类型的程序数据"Area0407R"，点击"修改位置"，完成盖板吸取区域的过渡点的示教。

（9）手动操纵工业机器人运动到盖板的吸取位置，置位信号"ToTDigSucker2"控制吸盘工具打开，吸取盖板。新建 robtarget 类型的程序数据"Area0408W"，点击"修改位置"，完成该吸取位置的示教。

（10）参照以上方法，完成盖板装配区域的过渡点 Area0507R 的示教（要求大吸嘴的吸取面与待装配电路板装配面平行），如图 4-28 所示。

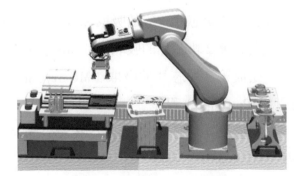

图 4-27　手动操纵工业机器人回到工作原点 HomeLeft　　　图 4-28　Area0507R 的示教

（11）手动操纵工业机器人运动到盖板的装配位置，新建 robtarget 类型的程序数据"Area0508W"，点击"修改位置"，完成该装配位置的示教。复位信号"ToTDigSucker2"控制吸盘工具关闭释放盖板。

3）程序的编写

（1）完成点位的示教后，编写图示吸取第1块芯片的程序（仅供参考），如图4-29所示。

功能：装有吸盘工具的工业机器人从 HomeLeft 点出发，经过渡点运动至芯片原料料盘处第1块芯片"集成电路"的吸取位置，完成芯片的吸取后，携带芯片运动到过渡点 Area0401R 处。

注意：在吸取位置点前后添加偏移指令语句，设置合适的过渡点位；在吸盘动作前后添加时间等待指令语句，确保吸盘工具动作到位；在物料抓取前添加复位指令语句，确保吸盘工具已经关闭。

（2）新建例行程序"MPutChip1"，并完成图示装配第1块芯片程序的编写，如图4-30所示。

程序功能：工业机器人吸盘工具吸取芯片"集成电路"的状态下，经过渡点 Area0501R 和偏移点，运动到该芯片对应的装配位置进行装配，完成装配后经过渡点回到 HomeLeft。

注意：在装配位置点前后添加偏移指令语句，设置合适的过渡点位；在吸盘动作前后添加时间等待指令语句，确保吸盘工具动作到位。

图 4-29 吸取第 1 块芯片的程序

图 4-30 装配第 1 块芯片程序

（3）新建例行程序，参考第1块芯片的吸取（MCarryChip1）和装配（MPutChip1）程序，完成剩余4块芯片对应的吸取和装配程序的编写。

完成第 2 块芯片的吸取（MCarryChip2）和装配（MPutChip2）程序。

完成第 3 块芯片的吸取（MCarryChip3）和装配（MPutChip3）程序。

完成第 4 块芯片的吸取（MCarryChip4）和装配（MPutChip4）程序。

完成第 5 块芯片的吸取（MCarryChip5）和装配（MPutChip5）程序。

（4）新建例行程序"MCarryCover"，并完成图示吸取盖板程序的编写，如图4-31所示。

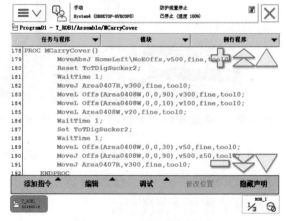

图 4-31 吸取盖板程序

程序功能：装有吸盘工具的工业机器人从 HomeLeft 点出发，经过渡点运动至盖板吸取位置，完成到电路板盖板的吸取后，携带盖板运动过渡点 Area0407R 处。

注意：在吸取位置点前后添加偏移指令语句，设置合适的过渡点位；在吸盘动作前后添加时间等待指令语句，确保吸盘工具动作到位；在物料抓取前添加复位指令语句，确保吸盘工具已经关闭。

（5）新建例行程序"MPutCover"，并完成图示装配盖板程序的编写，如图 4-32 所示。

功能：工业机器人吸盘工具吸取电路板盖板的状态下，经过渡点 Area0507R 和偏移点，运动到盖板对应的装配位置完成装配，最后经过渡点回到 HomeLeft。

注意：在吸取位置点前后添加偏移指令语句，设置合适的过渡点位；在吸盘动作前后添加时间等待指令语句，确保吸盘工具动作到位。

（6）新建例行程序"PAssemble（ ）"，在该例行程序中，调用电路板装配的各部分子程序。参考图示程序，调用电路板装配的各子程序，完成电路板装配程序的编写。

当且仅当启动电路板装配流程信号（FrPDigReady）为 1 时，开始电路板的装配流程，如图 4-33 所示。

图 4-32　装配盖板程序

图 4-33　电路板装配程序的编写

2. 电路板装配程序的运行

1）手动控制模式下运行电路板装配程序

注意：在运行电路板装配程序前，需先确认异形芯片原料料盘已填满芯片，盖板取料位有盖板，待装配电路板已安装在导轨上，工业机器人本体单元已安装好吸盘工具。

另外，电路板装配过程中涉及两个吸盘工具，故在调试和运行程序时，需要注意工具在进行姿态变化时气管不要发生缠绕，注意不要因工业机器人姿态变化较大而与其他部件产生碰撞，过渡点示教时需设定合适的高度。

（1）将控制柜模式开关转到手动模式。

（2）进入程序编辑界面，将程序指针移至电路板装配程序（PAssemble）。

（3）将按下自动启动按钮。

运行和调试电路
板装配程序

（4）按下"使能"按钮并保持在中间挡位置，按压程序调试按钮"前进一步"，逐步运行，并完成程序的调试。

（5）完成程序的单步调试后，可保持按下使能按钮中间挡位置，按压"启动"按钮，进行电路板装配程序的连续运行。

2）自动控制模式下运行电路板装配程序的操作流程

电路板装配程序在完成手动调试运行后，才可在自动控制模式下运行。

注意：在运行电路板装配程序前，需先确认异形芯片原料料盘已填满芯片，盖板取料位有盖板，待装配电路板已安装在导轨上，工业机器人本体单元已安装好吸盘工具。

另外，电路板装配过程中涉及两个吸盘工具，故在调试和运行程序时，需要注意工具在进行姿态变化时气管不要发生缠绕，注意不要因工业机器人姿态变化较大而与其他部件产生碰撞，过渡点示教时需设定合适的高度。

（1）在 main 程序下调用电路板装配程序"PAssemble"。

注意：自动控制模式下，程序只能从主程序（main）开始运行，故在自动控制下运行某程序时，必须先将其调用至主程序中。

（2）将控制柜模式开关转到自动模式，并在示教器上点击"确定"，确认模式的更改。

（3）然后将程序指针移动至主程序（main）中。

注意：main 中调用的程序只包含所需自动运行的程序 PAssemble。

（4）按下"电机开启"。按下自动启动按钮。

（5）按"前进一步"按钮，可逐步运行电路板装配。按"启动"按钮，则可直接连续运行电路板装配程序 PAssemble ( )。

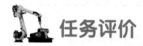 **任务评价**

任务评价表见表 4-9，活动过程评价表见表 4-10。

表 4-9 任务评价表

评价项目	比例	配分	序号	评价要素	评分标准	自评	教师评价
6S职业素养	30%	30分	1	选用适合的工具实施任务，清理无须使用的工具	未执行扣6分		
			2	合理布置任务所需使用的工具，明确标志	未执行扣6分		
			3	清除工作场所内的脏污，发现设备异常立即记录并处理	未执行扣6分		
			4	规范操作，杜绝安全事故，确保任务实施质量	未执行扣6分		
			5	具有团队意识，小组成员分工协作，共同高质量完成任务	未执行扣6分		

续表

评价项目	比例	配分	序号	评价要素	评分标准	自评	教师评价
装配工作站编程与运行	70%	70 分	1	能规划电路板装配的路径	未掌握扣 15 分		
			2	能完成电路板装配程序的编写	未掌握扣 15 分		
			3	能在手动控制模式下运行电路板装配程序	未掌握扣 20 分		
			4	能在自动控制模式下运行电路板装配程序	未掌握扣 20 分		
合计							

表 4-10　活动过程评价表

评价指标	评价要素	分数	分数评定
信息检索	能有效利用网络资源、工作手册查找有效信息；能用自己的语言有条理地去解释、表述所学知识；能将查找到的信息有效转换到工作中	10	
感知工作	是否熟悉各自的工作岗位，认同工作价值；在工作中，是否获得满足感	10	
参与状态	与教师、同学之间是否相互尊重、理解、平等；与教师、同学之间是否能够保持多向、丰富、适宜的信息交流。 探究学习、自主学习不流于形式，处理好合作学习和独立思考的关系，做到有效学习；能提出有意义的问题或能发表个人见解；能按要求正确操作；能够倾听、协作分享	20	
学习方法	工作计划、操作技能是否符合规范要求；是否获得了进一步发展的能力	10	
工作过程	遵守管理规程，操作过程符合现场管理要求；平时上课的出勤情况和每天完成工作任务情况；善于多角度思考问题，能主动发现、提出有价值的问题	15	
思维状态	是否能发现问题、提出问题、分析问题、解决问题	10	
自评反馈	按时按质完成工作任务；较好地掌握了专业知识点；具有较强的信息分析能力和理解能力；具有较为全面严谨的思维能力并能条理明晰表述成文	25	
总分		100	

项目知识测评

1. 单选题

（1）根据（　　　）完成西门子 PLC 故障安全数字量输入信号模块 SM 1226 F-DI 的接线。

A. 机械布局图　　　B. 工作站气路图　　　C. 电气原理图　　　D. 以上都不是

（2）在信号控制指令前后经常写入 WaitTime 指令，会对工业机器人的（　　　）造成影响。

A. 光标位置　　　　　B. 工具动作　　　　　C. 程序指针位置　　　　D. 生产节拍

（3）对 ABB 工业机器人 WaitDI FrPigReady，1 指令语句的解释正确的是（　　　）。

A. 等待数字量输入信号 FrPigReady 的值为 1；

B. 等待数字量输出信号 FrPigReady 的值为 1；

C. 等待模拟量输入信号 FrPigReady 的值为 1；

D. 等待模拟量输出信号 FrPigReady 的值为 1；

2. 多选题

（1）电路板装配流程程序运行前，应注意以下哪些事项？（　　　）

A. 确认异形芯片原料料盘已填满芯片，盖板取料位有盖板。

B. 待装配电路板已安装在导轨上。

C. 工业机器人本体单元已安装好吸盘工具。

D. 工业机器人在安全起始点。

（2）在进行装配工作站系统电气部分的安装时需要注意以下哪些事项？（　　　）

A. 需要根据工作站的电气原理图进行接线。

B. 连接装配单元的电缆航空插头和插座时，注意不要损坏插针，保证插头插紧并且锁紧插头。

C. 需要在工作站上电情况下进行电气部分的接线。

D. 需要在工作站断电情况下进行电气部分的接线。

（3）在进行装配工作站系统气路连接过程中需要注意以下哪些事项？（　　　）

A. 需要根据工作站的气路图进行接线。

B. 需要通过按压对应控制电磁阀上的手动调试按钮来测试气路连接的正确性。

C. 需要在气源关闭的情况下进行气路连接。

D. 需要在气源打开的情况下进行气路连接。

3. 判断题

（1）空气压缩机输出的气体通过真空发生器后变为负压。　　　　　　　　　　（　　　）

（2）装配单元限位传感器的作用是使气缸运动到限位后能将相应的信号传递给 PLC 控制器。　　　　　　　　　　　　　　　　　　　　　　　　　　　　　　　　　（　　　）

（3）当工业机器人两个点位之间存在障碍物时，可通过添加过渡点的方式编写程序避开障碍物。　　　　　　　　　　　　　　　　　　　　　　　　　　　　　　　　　（　　　）

项目5

工业机器人控制柜定期维护

 项目导言

　　本项目围绕工业机器人维护维修岗位职责和企业实际生产中的工业机器人系统维护维修工作内容，就工业机器人控制柜定期保养与维护方法进行了详细的讲解，并设置了丰富的实训任务，使学生通过实际操作进一步掌握发现工业机器人控制柜常见故障并进行处理的能力。

项目目标

1. 培养工业机器人控制柜定期维护的意识。
2. 培养能够按照维护计划对工业机器人控制柜进行定期检查和对常见问题处理的能力。
3. 培养对工业机器人控制柜内部定期清理的动手能力。
4. 培养识读电路图符号的能力。
5. 培养识读工业机器人控制柜电路图的能力。
6. 培养识读工业机器人本体电路图的能力。

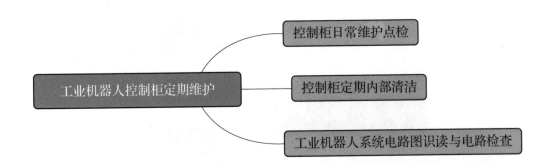

任务 5.1　控制柜日常维护点检

任务描述

　　按照控制柜的日常维护计划，参照实训指导手册完成工业机器人的日常检查，检查散热风扇的运行情况，定期检查测试控制柜各开关功能，从而及时发现故障，确保控制柜工作正常。

任务目标

　　1. 明确工业机器人控制柜日常维护计划与维护项目。

　　2. 能够按照实训指导手册步骤完成控制柜的日常检查。

　　3. 能够按照实训指导手册步骤完成工业机器人散热风扇的检查。

　　4. 能够按照实训指导手册步骤完成工业机器人示教器的清洁。

　　5. 掌握对控制柜中各开关功能进行检查测试的技能。

所需工具

　　工业机器人控制柜维护与维修标准工具包（Torx 螺钉刀 Tx 10、Torx 螺钉刀 Tx 20、Torx 螺钉刀 Tx 25、Torx 圆头螺钉刀 Tx 25、一字螺钉刀 4 mm、一字螺钉刀 8 mm、一字螺钉刀 12 mm、螺钉刀 Phillips-1 和套筒扳手 8 mm）、软布、温和的清洗剂、真空吸尘器、ESD 保护地垫或防静电桌垫、安全操作指导书。

学时安排

　　建议学时共 4 学时，其中相关知识学习建议 1 学时，学员练习建议 3 学时。

工作流程

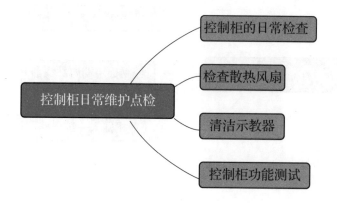

 **知识储备**

工业机器人控制柜必须进行定期维护才能确保功能。维护计划明确规定了维护活动及相应间隔，时间间隔取决于设备的工作环境，较为清洁的环境可以延长维护间隔，控制柜维护计划见表 5-1。

表 5-1　控制柜维护计划

序号	设备	维护活动	时间间隔
1	完整的控制柜	检查	12 个月
2	系统风扇	检查	6 个月
3	FlexPendant 示教器	清洁	—
4	紧急停止（FlexPendant 示教器和操作面板）	功能测试	12 个月
5	模式开关	功能测试	12 个月
6	使能装置	功能测试	12 个月
7	电机接触器 K42、K43	功能测试	12 个月
8	制动接触器 K44	功能测试	12 个月
9	自动停止（如果使用则测试）	功能测试	12 个月
10	常规停止（如果使用则测试）	功能测试	12 个月
11	安全部件	翻新	20 年

 **任务实施**

1. 控制柜的日常检查

控制柜日常检查的步骤如下。

（1）在控制柜内进行任何作业之前，首先确保主电源已经关闭，断开输入电源线缆与墙壁插座的连接。

（2）控制柜容易受 ESD（静电放电）影响，所以在进行控制柜日常检查之前需排除静电危险。通常使用手腕带、ESD 保护地垫和防静电桌垫来排除静电放电危险。

（3）检查控制柜上的连线和布线以确认接线准确，并且布线没有损坏。

（4）检查系统风扇和控制柜表面的通风孔以确保其清洁。

（5）清洁后暂时打开控制柜的电源。确保其正常工作后，关闭电源。

2. 检查散热风扇

1）系统风扇

图 5-1 显示了系统风扇的位置，需定期检查风扇罩和风扇的散热状态。

2）计算机风扇

计算机风扇位于控制柜上盖的下面，如图 5-2 所示，需定期检查风扇罩和风扇的散热状态并清洁，清洁方法参见任务 5.2。

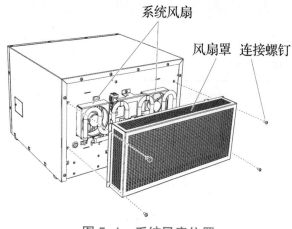

图 5-1　系统风扇位置

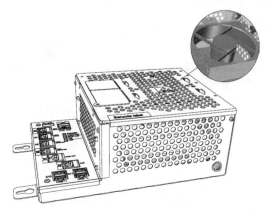

图 5-2　计算机风扇

3. 清洁示教器

示教器需要清洁的表面如图 5-3 所示，清洁步骤如下。

（1）关闭控制柜机柜上的主电源开关。断开输入电源线缆与墙壁插座的连接。

注意：该装置易受 ESD 影响，所以操作前需选择使用手腕带、ESD 保护地垫或防静电桌垫来排除静电放电危险。

（2）使用软布和水或温和的清洁剂来清洁触摸屏和硬件按键。

清洁示教器注意事项如下。

①任何其他清洁设备都可能缩短触摸屏的使用寿命。

②清洁前，请先检查是否所有保护盖都已安装到示教器，确保没有异物或液体能够渗透到示教器内部。

③切勿用高压清洁器进行喷洒。

④切勿用压缩空气、溶剂、洗涤剂或擦洗海绵来清洁示教器。

图 5-3　示教器需要清洁的部分

4. 控制柜功能测试

1）紧急停止功能测试

紧急停止功能测试包含操作面板和 FlexPendant 上的紧急停止按钮，测试流程如下。

（1）对紧急停止按钮进行目视检查，确保没有物理损伤。如果发现紧急停止按钮有任何损坏，则必须更换。

（2）启动工业机器人系统，按下"紧急停止"按钮。

• 如果在示教器日志中显示事件消息 "10013 emergency stop state"（10013 紧急停止状态），则测试通过。

• 如果在示教器日志中没显示 "10013 emergency stop state" 事件消息或显示了 "20223 Emergency stop conflict"（20223 紧急停止冲突），则测试失败，必须找到导致失败的根本原因。

（3）测试后，松开 "紧急停止" 按钮并按下 "电机上电" 按钮来重置紧急停止状态。

2）模式开关功能测试

控制柜有双位模式和三位模式两种，模式开关功能测试流程如表 5-2 所示。

表 5-2　模式开关功能测试流程

序号	操作步骤
1	启动工业机器人系统
2	将模式开关开到手动模式，然后切换模式开关到自动模式，以自动模式运行工业机器人。 ①如果能以自动模式运行工业机器人，则测试通过。 ②如果无法以自动模式运行工业机器人，则测试失败且必须找出问题根源
3	双位模式无此步骤操作，三位模式时需要执行：切换模式开关到手动全速模式，以手动全速模式运行程序。 ①如果程序能以手动全速模式运行，则测试通过。 ②如果无法以手动全速模式运行程序，则测试失败且必须找出问题根源
4	将模式开关切换到手动模式。 ①如果示教器日志中显示事件消息 "10015 Manual mode selected"（10015 已选择手动模式），则测试通过。 ②如果在示教器日志中未显示事件消息 "10015 Manual mode selected"，则测试失败，且必须找出问题根源

3）使能装置功能测试

使能装置功能测试步骤见表 5-3。

表 5-3　使能装置功能测试流程

序号	操作步骤
1	启动工业机器人系统并将模式开关转到手动模式
2	按下使能装置到中间档位置，然后保持在此位置。 ①如果示教器日志中显示事件消息 "10011 Motors ON state"（10011 电机上电状态），则测试通过。 ②如果在示教器日志中没显示 "10011 Motors ON state" 事件消息或显示了 "20224 Emergency stop conflict"（20224 紧急停止冲突），则测试失败，必须找到导致失败的根本原因
3	保持按住使能装置状态下，加力将使能装置按到底部。 ①如果在示教器日志中显示事件消息 "10012 safety guard stop state"（10012 安全保护停止状态），则测试通过。 ②如果在示教器日志中没显示 "10012 safety guard stop state" 事件消息或显示了 "20224 Emergency stop conflict"（20224 紧急停止冲突），则测试失败，必须找到导致失败的根本原因

任务评价

任务评价表见表 5-4，活动过程评价表见表 5-5。

表 5-4　任务评价表

评价项目	比例	配分	序号	评价要素	评分标准	自评	教师评价
6S 职业素养	30%	30 分	1	选用适合的工具实施任务，清理无须使用的工具	未执行扣 6 分		
			2	合理布置任务所需使用的工具，明确标志	未执行扣 6 分		
			3	清除工作场所内的脏污，发现设备异常立即记录并处理	未执行扣 6 分		
			4	规范操作，杜绝安全事故，确保任务实施质量	未执行扣 6 分		
			5	具有团队意识，小组成员分工协作，共同高质量完成任务	未执行扣 6 分		
控制柜日常维护点检	70%	70 分	1	明确控制柜维护的事项及维护间隔	未掌握扣 10 分		
			2	能够进行控制柜的日常检查	未掌握扣 15 分		
			3	能够检查控制柜中的散热风扇	未掌握扣 15 分		
			4	能够选用适当的工具清洁示教器	未掌握扣 15 分		
			5	能够按照标准流程，完成控制柜的功能测试	未掌握扣 15 分		
合计							

表 5-5　活动过程评价表

评价指标	评价要素	分数	分数评定
信息检索	能有效利用网络资源、工作手册查找有效信息；能用自己的语言有条理地去解释、表述所学知识；能将查找到的信息有效转换到工作中	10	
感知工作	是否熟悉各自的工作岗位，认同工作价值；在工作中，是否获得满足感	10	
参与状态	与教师、同学之间是否相互尊重、理解、平等；与教师、同学之间是否能够保持多向、丰富、适宜的信息交流。探究学习、自主学习不流于形式，处理好合作学习和独立思考的关系，做到有效学习；能提出有意义的问题或能发表个人见解；能按要求正确操作；能够倾听、协作分享	20	

评价指标	评价要素	分数	分数评定
学习方法	工作计划、操作技能是否符合规范要求；是否获得了进一步发展的能力	10	
工作过程	遵守管理规程，操作过程符合现场管理要求；平时上课的出勤情况和每天完成工作任务情况；善于多角度思考问题，能主动发现、提出有价值的问题	15	
思维状态	是否能发现问题、提出问题、分析问题、解决问题	10	
自评反馈	按时按质完成工作任务；较好地掌握了专业知识点；具有较强的信息分析能力和理解能力；具有较为全面严谨的思维能力并能条理明晰表述成文	25	
总分		100	

任务 5.2　控制柜定期内部清洁

任务描述

按照实训指导手册中的步骤，对控制柜内部风扇及通风口进行定期内部清洁，从而保证风扇及通风口的清洁，有效延长其工作寿命。

任务目标

1. 明确控制柜内部清洁的注意事项和使用工具。
2. 能够按照实训指导手册步骤完成系统风扇的清洁。

所需工具

控制柜维护维修标准工具包、软布、温和的清洗剂、真空吸尘器、ESD 保护地垫或防静电桌垫、安全操作指导书。

学时安排

建议学时共 4 学时，其中相关知识学习建议 1 学时，学员练习建议 3 学时。

工作流程

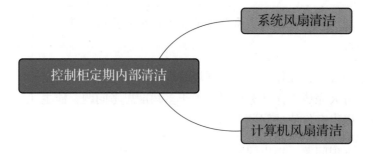

知识储备

为保证较长的正常运行时间，请务必定期清洁 IRB 120 工业机器人本体及控制柜。清洁的时间间隔取决于工业机器人工作的环境。根据 IRB 120 的不同防护类型，可采用不同的清洁方法。控制柜的定期清洁需要使用真空吸尘器，注意静电放电保护。如果需要，需使用受 ESD 保护的真空吸尘器来清洁机柜内部。

注意以下事项。

（1）使用 ESD 保护。

（2）按照上文规定使用清洁设备。任何其他清洁设备都可能会减少控制柜所涂油漆、防锈剂、标记或标签的使用寿命。

（3）清洁前，请先检查是否所有保护盖都已安装到控制柜。

切勿进行以下操作。

（1）清洁控制柜外部时，切勿卸除任何盖子或其他保护装置。

（2）切勿使用压缩空气或高压清洁器进行喷洒。

表 5-6 规定了不同防护类型的 ABB 工业机器人所允许使用的清洁方法和工具。

表 5-6　工业机器人控制柜清洁方法及工具

防护类型	清洁方法			
	真空吸尘器	用布擦拭	用水冲洗	高压水或蒸汽
Standard	是	是。使用少量清洁剂	否	否
Clean room	是	是。使用少量清洁剂、酒精或异丙醇	否	否

另需注意：清洁后需确保没有液体流入工业机器人或滞留在缝隙或表面。

任务实施

1. 系统风扇清洁

拆除风扇罩，并按照以下步骤清洁系统风扇。

（1）关闭控制柜上的主电源开关。断开输入电源线缆与外部电源插座的连接。

（2）使用 Torx 螺丝刀（即梅花螺丝刀），拧下系统风扇罩的锁紧螺钉。

（3）沿着图示箭头方向推动风扇罩退出卡扣，然后拆下控制器系统风扇罩，如图 5-4 所示。

注意：泄流器顶部为热表面，直接接触有烧伤危险。卸除装置时应小心谨慎。

图 5-4　拆下控制器系统风扇罩

（4）使用 Torx 螺丝刀拧下系统风扇的锁紧螺钉，使用斜口钳将其线缆的捆绑扎带剪开，参照图 5-5 的方向推动系统风扇，将其拆下，此处以拆卸右侧的系统风扇为例。露出风扇，采用知识储备中介绍的清洁方法与工具，小心清理系统风扇即可，完成清理后需参照上述步骤重新装回系统风扇罩。

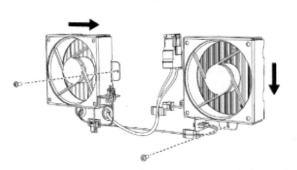

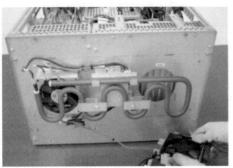

更换工业机器人控制器计算机单元风扇

图 5-5　拆卸系统风扇示意图

2. 计算机风扇清洁

按照下面的步骤，拆下外盖、露出计算机风扇，进行计算机风扇清理。

（1）关闭控制柜机上的主电源开关。断开输入电源线缆与外部电源插座的连接。

该装置易受 ESD 影响，所以操作前需选择使用手腕带、ESD 保护地垫或防静电桌垫来排除静电放电危险。

（2）卸除盖板上的固定螺钉，向控制柜的背部方向推动盖板，以便它从前面板的弯曲处松开，然后向上拉将其卸除，取下机柜的盖板，如图 5-6 所示。

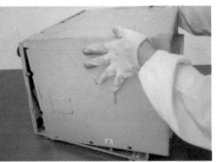

图 5-6　卸除螺钉、拆除盖板

（3）卸下固定螺钉并拉开上盖，打开计算机单元。露出风扇，采用前序内容中介绍的清洁方法与工具，小心清理风扇，如图5-7所示。完成清理后，参照上述步骤重新装回部件即可。

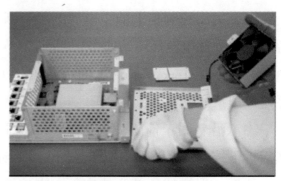

图5-7　清理风扇

 任务评价

任务评价表见表5-7，活动过程评价表见表5-8。

表5-7　任务评价表

评价项目	比例	配分	序号	评价要素	评分标准	自评	教师评价
6S职业素养	30%	30分	1	选用适合的工具实施任务，清理无须使用的工具	未执行扣6分		
			2	合理布置任务所需使用的工具，明确标志	未执行扣6分		
			3	清除工作场所内的脏污，发现设备异常立即记录并处理	未执行扣6分		
			4	规范操作，杜绝安全事故，确保任务实施质量	未执行扣6分		
			5	具有团队意识，小组成员分工协作，共同高质量完成任务	未执行扣6分		
控制柜定期内部清洁	70%	70分	1	掌握控制柜清洁的注意事项和可以使用的工具	未掌握扣10分		
			2	能够完成系统风扇的清洁	未掌握扣30分		
			3	能够完成计算机风扇的清洁	未掌握扣30分		
合计							

表5-8　活动过程评价表

评价指标	评价要素	分数	分数评定
信息检索	能有效利用网络资源、工作手册查找有效信息；能用自己的语言有条理地去解释、表述所学知识；能将查找到的信息有效转换到工作中	10	

评价指标	评价要素	分数	分数评定
感知工作	是否熟悉各自的工作岗位，认同工作价值；在工作中，是否获得满足感	10	
参与状态	与教师、同学之间是否相互尊重、理解、平等；与教师、同学之间是否能够保持多向、丰富、适宜的信息交流。 探究学习、自主学习不流于形式，处理好合作学习和独立思考的关系，做到有效学习；能提出有意义的问题或能发表个人见解；能按要求正确操作；能够倾听、协作分享	20	
学习方法	工作计划、操作技能是否符合规范要求；是否获得了进一步发展的能力	10	
工作过程	遵守管理规程，操作过程符合现场管理要求；平时上课的出勤情况和每天完成工作任务情况；善于多角度思考问题，能主动发现、提出有价值的问题	15	
思维状态	是否能发现问题、提出问题、分析问题、解决问题	10	
自评反馈	按时按质完成工作任务；较好地掌握了专业知识点；具有较强的信息分析能力和理解能力；具有较为全面严谨的思维能力并能条理明晰表述成文	25	
总分		100	

任务 5.3　工业机器人系统电路图识读与电路检查

任务描述

按照实训指导书中介绍的方法，识读工业机器人本体和控制柜的电路图，并进行电路检查。

任务目标

1. 识读电路图符号。
2. 识读工业机器人本体电路图，并进行电路检查。
3. 识读工业机器人控制柜电路图，并进行电路检查。

所需工具

安全操作指导书。

学时安排

建议学时共 4 学时，其中，相关知识学习建议 1 学时，学员练习建议 3 学时。

工作流程

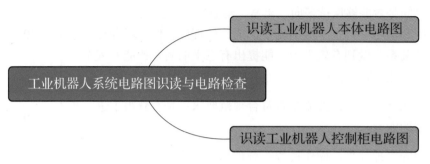

任务实施

1. 识读工业机器人本体电路图

工业机器人本体电路图主要是描述工业机器人本体里面的伺服电机、位置反馈，以及 I/O 通信的连接情况。

1）IRB 120 工业机器人本体电气元件安装位置解析

工业机器人本体电气元件端子安装位置如图 5-8 所示，电气元件端子有对应的唯一编号，方便在查看电路图时快速定位电气元件的具体位置。编号对应的说明见表 5-9。

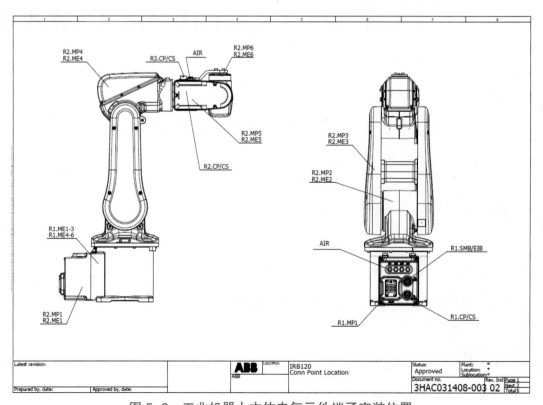

图 5-8　工业机器人本体电气元件端子安装位置

表 5-9 工业机器人本体元器件接口说明

序号	编号名称	说明
1	R1.ME1 到 R1.ME6	工业机器人本体基座处，各关节电机的编码器线缆接口
2	R2.ME1 到 R2.ME6	工业机器人本体内部，各关节的编码器线缆接口
3	R2.MP1 到 R2.MP6	工业机器人本体内部，各关节的动力线缆接口
4	R1.MP1	工业机器人本体基座处，汇总的各关节伺服电机动力线缆接口
5	R1.CP/CS	客户控制和动力线缆集成在工业机器人本体中，R1.CP/CS 是基座处
6	R2.CP/CS	客户接口，R2.CP/CS 是工业机器人上臂内部接口，R3.CP/CS 是工业机器人上臂外部的客户接口
7	R3.CP/CS	
8	AIR	气路集成在工业机器人本体中，基座处有 4 个入口，上臂壳体处有 4 个出口
9	R1.SMB/EIB	基座处 SMB/EIB 接口，SMB 为串行测量电路板模块。EIB 模块主要是用于收集 6 个关节轴编码器的位置信息，并在工业机器人断电后继续供电以保存工业机器人本体的位置数据

2）工业机器人本体电路图解析

以 EIB 模块与底座的连接电路图识读为例，电路图中各部分的标志注释如图 5-9 所示，常用信号线规格和常用信号线颜色见表 5-10。参照以上内容完成工业机器人本体电路图的识读。

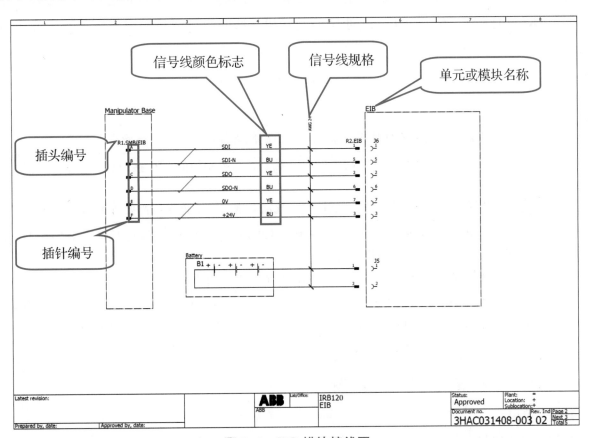

图 5-9 EIB 模块接线图

表 5-10　常用信号线规格 / 常用信号线颜色

规格编号	截面积	颜色标识	说明
AWG10	5.26 mm²	BK	黑色线
AWG12	3.332 mm²	BN	棕色线
AWG14	2.075 mm²	RD	红色线
AWG16	1.318 mm²	OG	橙色线
AWG18	0.8107 mm²	YE	黄色线
AWG20	0.5189 mm²	GN	绿色线
AWG22	0.3247 mm²	BU	蓝色线
AWG24	0.2047 mm²	VT	紫色线
AWG26	0.129 mm²	GY	灰色线
AWG28	0.0804 mm²	WH	白色线
		PK	粉色线
		TO	蓝绿色线
		WH/RD	白红双色线
		GNYE	绿黄双色线

3）工业机器人本体电路检查

工业机器人本体内部电路在出厂前已经完成了电路的检查，具体的电路连接方式参见工业机器人本体电路图。在工业机器人使用前及新机接线时，需要按照电路图检查工业机器人本体与控制柜的接线、工业机器人的气路接线，具体的检查方法见表 5-11。

表 5-11　工业机器人本体电路检查

序号	操作步骤
1	在工业机器人系统通电使用前，需对本体电路的外部接口连接进行检查
2	首先检查 R1.MP1 接口处连接线缆的另一端是否与控制柜的 XP1 接口相连，如果不是，需使用动力线缆建立连接。 注意：连接线缆插头与插口时，插针与插孔需对准，完成连接后需要锁紧插头
3	然后检查 R1.SMB/EIB 接口处连接的 SMB 线缆的另一端是否与控制柜对应的 XS2 接口相连，如果不是，需使用 SMB 线缆建立连接。 注意：连接线缆插头与插口时，插针与插孔需对准，完成连接后需要锁紧插头
4	最后检查位于工业机器人本体底座和上臂壳体处的 AIR 接口与外部设备的连接，注意 4 个接口已经编号，上臂壳体处的接口与本体底座处的接口在本体内部已经连接并集成气路，接口一一对应，即上臂壳体处的 AIR 1 号接口与本体底座处的 AIR 1 号接口对应

2. 识读工业机器人控制柜电路图

1）目录页

控制柜电路图的目录页展示了电路图集包含的内容及与其对应的页码，如图 5-10 所示。

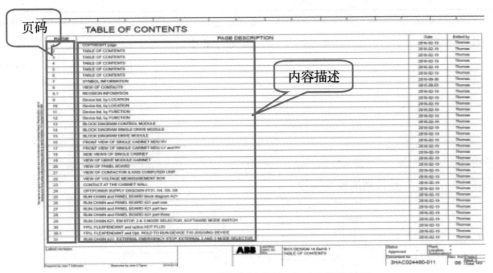

图 5-10　工业机器人控制柜电路图目录页

2）工业机器人控制柜系统结构框图

电路图集是从主到次，这样逐级细分到每一个单元进行描述的。图 5-11 所示为工业机器人控制柜系统的结构框图，每个单元都标注了单元名称和对应的部件编号，通过部件编号可以在电路图集的控制柜正视图、俯视图和侧视图中查找单元或模块在控制柜中的具体位置。

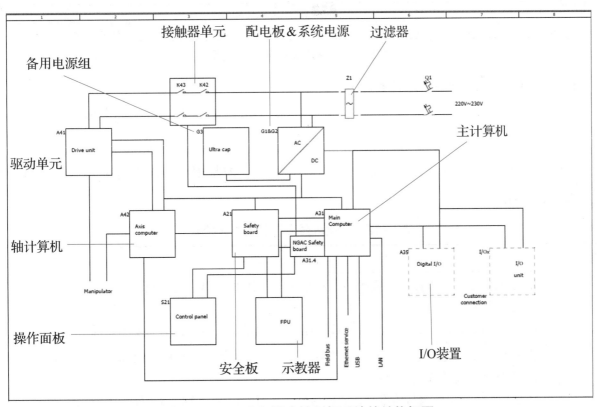

图 5-11　工业机器人控制柜系统的结构框图

3）工业机器人控制柜电路图解析

以轴计算机单元电路图的识读为例，电路图中各部分的标志注释如图 5-12 所示，参照以上内容完成工业机器人控制柜电路图的识读。

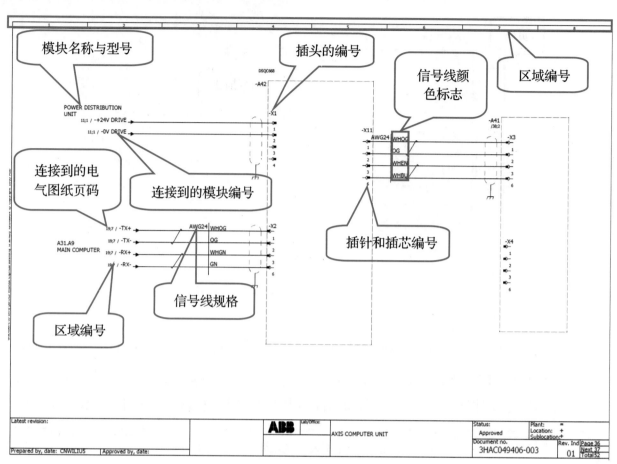

图 5-12 轴计算机单元电路图

4）工业机器人控制柜电路检查

工业机器人控制柜内部电路在出厂前已经完成了电路的检查，具体的电路连接方式参见工业机器人控制柜电路图。在工业机器人使用前及新机接线时，需要检查工业机器人控制柜与的本体的接线、工业机器人控制柜与示教器的接线、控制柜与外部电源的接线，具体的检查方法见表 5-12。

表 5-12 工业机器人控制柜电路检查

序号	操作步骤
1	检查 XP1 接口处连接的线缆的另一端是否与本体的 R1.MP1 接口相连，如果不是，需使用动力线缆建立连接。 注意：连接线缆插头与插口时，插针与插孔需对准，完成连接后需要锁紧插头
2	检查 XS2 接口处连接的 SMB 线缆的另一端是否与本体的接口 R1.SMB/EIB 相连，如果不是，需使用 SMB 线缆建立连接。 注意：连接线缆插头与插口时，插针与插孔需对准，完成连接后需要锁紧插头
3	检查示教器与控制柜中间的接线。 注意：连接线缆插头与插口时，插针与插孔需对准，完成连接后需要锁紧插头
4	检查控制柜与外部电源的接线。 注意：连接线缆插头与插口时，插针与插孔需对准，完成连接后需要锁紧插头

 **任务评价**

任务评价表见表 5-13，活动过程评价表见表 5-14。

表 5-13　任务评价表

评价项目	比例	配分	序号	评价要素	评分标准	自评	教师评价
6S职业素养	30%	30分	1	选用适合的工具实施任务，清理无须使用的工具	未执行扣6分		
			2	合理布置任务所需使用的工具，明确标志	未执行扣6分		
			3	清除工作场所内的脏污，发现设备异常立即记录并处理	未执行扣6分		
			4	规范操作，杜绝安全事故，确保任务实施质量	未执行扣6分		
			5	具有团队意识，小组成员分工协作，共同高质量完成任务	未执行扣6分		
工业机器人系统电路图识读与电路检查	70%	70分	1	掌握识读工业机器人系统电路图所需的电路图符号	未掌握扣10分		
			2	能够识读工业机器人本体的电路图	未掌握扣30分		
			3	能够识读工业机器人控制柜的电路图	未掌握扣30分		
合计							

表 5-14　活动过程评价表

评价指标	评价要素	分数	分数评定
信息检索	能有效利用网络资源、工作手册查找有效信息；能用自己的语言有条理地去解释、表述所学知识；能将查找到的信息有效转换到工作中	10	
感知工作	是否熟悉各自的工作岗位，认同工作价值；在工作中，是否获得满足感	10	
参与状态	与教师、同学之间是否相互尊重、理解、平等；与教师、同学之间是否能够保持多向、丰富、适宜的信息交流。探究学习、自主学习不流于形式，处理好合作学习和独立思考的关系，做到有效学习；能提出有意义的问题或能发表个人见解；能按要求正确操作；能够倾听、协作分享	20	
学习方法	工作计划、操作技能是否符合规范要求；是否获得了进一步发展的能力	10	

续表

评价指标	评价要素	分数	分数评定
工作过程	遵守管理规程，操作过程符合现场管理要求；平时上课的出勤情况和每天完成工作任务情况；善于多角度思考问题，能主动发现、提出有价值的问题	15	
思维状态	是否能发现问题、提出问题、分析问题、解决问题	10	
自评反馈	按时按质完成工作任务；较好地掌握了专业知识点；具有较强的信息分析能力和理解能力；具有较为全面严谨的思维能力并能条理明晰表述成文	25	
总分		100	

项目知识测评

1. 单选题

（1）工业机器人控制柜必须进行定期维护才能确保功能。（ ）明确规定了维护活动及相应间隔，时间间隔取决于设备的工作环境，较为清洁的环境可以延长维护间隔。

A. 工业机器人产品手册 　　　　　　B. 工业机器人系统电路图

C. 控制柜维护计划 　　　　　　　　D. 工业机器人本体电路图

（2）控制柜容易受（ ）影响，所以在进行控制柜日常检查之前需使用手腕带、ESD保护地垫或防静电桌垫来排除危险。

A. 温度 　　　　　　　　　　　　　B. 静电放电

C. 外部环境的湿度 　　　　　　　　D. 工业机器人本体运行状态

（3）清洁示教器时，需使用软布和水或（ ）来清洁触摸屏和硬件按键。

A. 溶剂 　　　　　B. 洗涤剂 　　　　　C. 擦洗海绵 　　　　　D. 温和的清洁剂

2. 多选题

（1）控制柜有两种，分别为（ ）。

A. 双位模式 　　　　B. 四位模式 　　　　C. 单位模式 　　　　D. 三位模式

（2）进行系统风扇的清洁时，应先进行（ ）的操作。

A. 关闭控制柜上的主电源开关 　　　　B. 断开输入电源线缆与墙壁插座的连接

C. 拆卸工业机器人本体 　　　　　　　D. 拆卸泄流器

3. 判断题

（1）泄流器顶部为热表面，直接接触有烧伤危险。卸除装置时应小心谨慎。 （ ）

（2）工业机器人本体电路图主要是描述工业机器人本体里面的伺服电机、位置反馈，以及I/O通信的连接情况。 （ ）

（3）在更换使用防护类型 Clean Room 漆料的工业机器人部件时，应务必确保在更换后结构和新部件之间的结合处不会有颗粒脱落。 （ ）

项目6

工业机器人部件更换

 项目导言

　　本项目围绕工业机器人维护维修岗位职责和企业实际生产中的工业机器人系统维护工作内容，就工业机器人本体部件更换方法进行了详细的讲解，并设置了丰富的实训任务，使学生通过实操掌握工业机器人本体部件更换技能点。

 项目目标

　　1. 培养工业机器人本体维修的技能。
　　2. 培养工业机器人本体部件更换的动手能力。

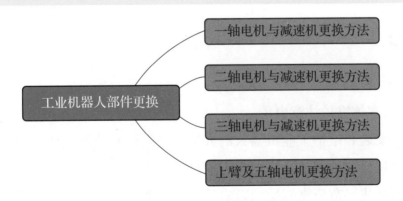

任务 6.1　一轴电机与减速机更换方法

 任务描述

　　某工作站中一台工业机器人本体的一轴电机或减速机出现故障，需根据实训指导手册中的步骤完成工业机器人一轴电机与减速机的更换。

任务目标

1. 明确一轴电机与减速机的位置。

2. 掌握拆下一轴电机与减速机的方法。

3. 掌握更换一轴电机与减速机的方法。

所需工具

工业机器人本体维护维修标准工具包，专用法兰密封胶、专用线缆润滑脂、专用减速机密封胶、扎线带和配套需更换的部件。

学时安排

建议学时共 2 学时，其中相关知识学习建议 0.5 学时，学员练习建议 1.5 学时。

工作流程

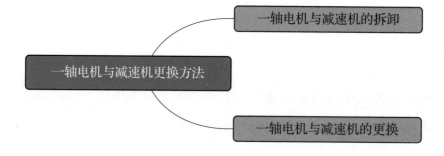

知识储备

1. 本体维护注意事项

1）工业机器人本体维护注意事项

（1）任何负责安装和维护工业机器人的人员务必阅读并遵循这些安全说明。只有熟悉工业机器人并且经过操作和处理工业机器人方面培训的人员，才允许维护工业机器人。相关人员在饮酒、服用药品或兴奋药物而受到影响后，不得维护、维修或使用工业机器人。

（2）始终根据工业机器人的风险评估情况使用合适的个人防护装备。

当操作人员在系统上操作时，需确保没有其他人可以打开控制柜和工业机器人的电源，建议始终用安全锁将主开关锁在控制柜机柜中。

（3）工业机器人中存储的用于平衡某些轴的电量可能在拆卸工业机器人或其部件时释放，请注意防护。

（4）拆卸／组装机械单元时，请提防掉落的物体。

（5）切勿将工业机器人当作梯子使用，也就是说在检修过程中切勿攀爬工业机器人电机或其他部件。由于电机可能产生高温或工业机器人可能发生漏油，所以攀爬会有严重的滑倒风险。

工业机器人某些部件周围的温度也会很高。触摸它们可能会造成不同程度的灼伤。环境温度越高，工业机器人的表面越容易变热，从而可能造成灼伤。如果要拆卸可能会发热的组件，请等到它冷却，或者采用其他方式处理。

（6）采取任何必要的措施，确保卸除部件时工业机器人不会倒塌。

（7）线缆包装易受机械损坏。必须小心处理线缆包装，尤其是接插件，以避免损坏线缆包装。

（8）无论何时拆卸或装配电机和减速机，施加的压力过大都可能损坏齿轮。

（9）对于所有在断电后仍将保持加压状态的组件，必须提供清晰可辨的泄放装置和标志，指明在对工业机器人系统进行调整或实施任何维护之前需要先进行减压操作。这些组件中可能存在残留电能，关机后请特别小心。

开始维修前，必须释放整个气动或液压系统内的压力。操作液压设备的人员必须具备液压方面的专业知识和相关经验。必须检查所有管道、软管和连接是否有泄漏和损坏。如有损坏，必须立即修复。溅出的油料可能会引起人员伤害或火灾。

2）更换工业机器人部件开始和结束后的注意事项

在更换使用防护类型 Clean Room 漆料的工业机器人部件时，应务必确保在更换后在结构和新部件之间的结合处不会有颗粒脱落，拆卸及修复漆面方法如下。

（1）用小刀切割待拆卸部件与结构接缝处的漆层，以免漆层开裂。

注意：切割时注意不要损坏塑料盖。

在下臂壳和下臂之间（三轴同步带一侧）填充密封胶。事后应清除密封胶，并对表面进行清洁。仔细打磨结构上残留的漆层毛边，以获得光滑的表面。

（2）在重新装上部件之前，使用蘸有乙醇的无绒布对接缝进行清洁，使其无油脂。

将调整销放入热水中。用专用密封胶密封所有重新装上的接缝。

（3）用调整销对密封表面进行平整，如显示"错误！未找到引用源"，等待 15 分钟，完成所有维修工作后，用蘸有酒精的无绒布擦掉工业机器人上的颗粒物。

2. 一轴电机与减速机

在以备件形式订购时，IRB 120 工业机器人一轴减速机与一轴电机是一个整体。

底座内摆动板的设计有两种，一种设计有一个排气孔，另一种设计则没有。

任务实施

1. 一轴电机与减速机的拆卸

拆卸 IRB 120 工业机器人一轴的电机与减速机步骤如下。

（1）如果工业机器人安装在除地面安装以外的其他位置，则必须首先将其从此位置卸下。一轴的电机与减速机的更换流程建议在工业机器人处在竖立位置的情况下进行。

执行此操作流程时需小心谨慎，因为执行的过程中线缆线束仍不断开连接或部分不断开连接。当一轴处于校准位置时，最后面的两颗用于固定摆动壳的螺钉难以触及。

需要将一轴手动操纵至 90°位置，再拧下将摆动壳固定在底座上的两颗紧固螺钉（当一轴处在 0°位置时无法触及），如图 6-1 所示。

（2）手动操纵控制，调节工业机器人姿态：一轴至 0°位置，二轴至 –50°位置，三轴至 +50°位置，四轴至 0°位置，五轴至 +90°。

（3）卸除下臂板侧面的下臂壳，卸除下臂上的线缆支架，如图 6-2 所示。

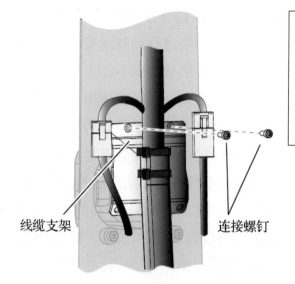

拆卸 ABB IRB 120 型工业机器人塑料盖

线缆支架　　　　连接螺钉

图 6-1　底座上的两颗紧固螺钉　　　　图 6-2　卸除下臂上的线缆支架

（4）割断二轴电机处的扎线带，断开二轴电机编码器线缆和动力线缆的接插头。拧下固定摆动板的剩余两颗紧固螺钉，如图 6-3 所示。

注意：如有需要，可用两颗螺钉将摆动板压出来。

（5）①卸下两个线缆导向装置，如图 6-4 所示。②小心地将二轴电机线缆拉出到尽可能长的位置。整理线缆线束，小心地推拉到电机下方（尽可能长），不要损坏任何线缆。③小心地提升上臂、下臂和摆动壳，在靠近工业机器人底座并且距离线缆线束尽可能远（仍然连接）的位置将其放下。

（6）拧下将线缆支架固定在摆动板上的螺钉，如图 6-5 所示。

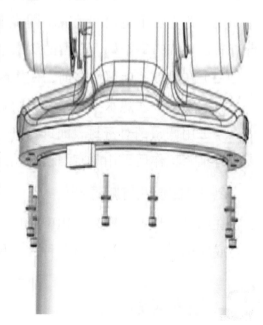

图 6-3　拆除紧固螺钉

注意：不用拆扎线带和线缆夹。确保在此过程中不损坏线缆线束。

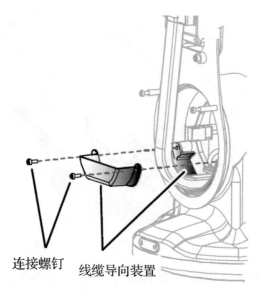

图 6-4 卸下两个线缆导向装置

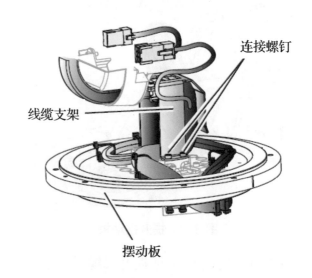

图 6-5 拧下将线缆支架固定在摆动板上的螺钉

（7）卸除底座盖，如图 6-6 所示。

（8）连同 EIB 电路板和电池一起拆下，将其拉出，以便接近电池线缆接插头，如图 6-7 所示。

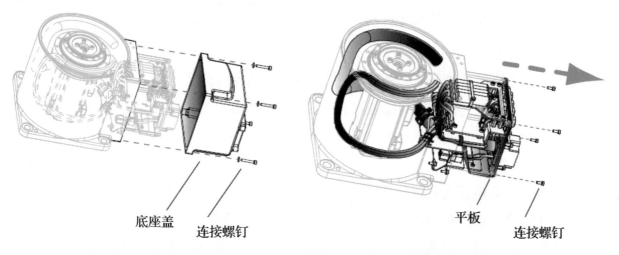

图 6-6 卸除底座盖　　　　　　　　　图 6-7 拆下 EIB 电路板和电池

（9）①非常小心地断开电池线缆接插头。如果用力过猛，可能会损坏接插件。②拧松将线缆支架与接插件固定在一起的螺钉。③割断将一轴的电机线缆连接到底座的扎线带，断开二轴电机线缆。

（10）卸除固定摆动板的连接螺钉，小心谨慎地提升摆动板（图 6-8），将其放在其余拆下来的工业机器人机械臂系统（上臂和下臂）旁边。利用突出的孔用力使摆动板松动。

注意：切勿损坏线缆线束。

（11）①保护减速机，防止灰尘和杂质颗粒进入其中。②从摆动板中心卸下螺钉，如图 6-9 所示。③卸除固定线缆导向装置的连接螺钉。

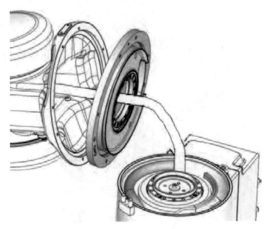

图 6-8 提升摆动板

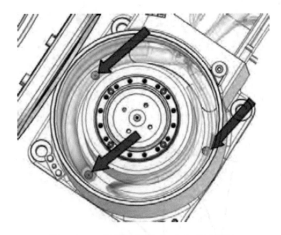

图 6-9 从摆动板中心卸下螺钉

（12）①小心谨慎地提升线缆导向装置，将其移过线缆线束并放在其余拆下来的工业机器人零件旁边。

注意：在此过程中，切勿损坏线缆线束！

②拆卸固定轴 1 的电机与减速机的连接螺钉。

③小心谨慎地将一轴的电机线缆推过凹槽，同时提升一轴的电机与减速机。

注意：使用电机和减速机上的稳固把手提升，以保证不损坏任何部件。

2. 一轴电机与减速机的更换

更换 IRB 120 工业机器人一轴的电机与减速机的步骤如下。

（1）将电机法兰与基座之间接触面上的旧密封胶残留物和其他污染物擦干净。确保：①所有装配面上没有旧的密封胶残留物和其他污染物，且无损坏。②电机和减速机是否均清洁无损坏。

（2）如果工业机器人有排气孔：拧下摆动板排气孔中的螺钉以释放底座内的压力。

（3）拆除在运输过程中固定一轴电机与减速机的两个螺钉及螺母。

（4）用扎线带延伸电机连接线缆，以便拉动线缆穿过底座。握住一轴电机，小心地推动电机线缆穿过基座底部的凹槽。

（5）①安装一轴电机与减速机前，先找到螺钉的安装位置（图 6-10），使电机线缆尽可能长地伸进基座中。②安装电机和减速机并将电机线缆从孔中拉出后，卸除扎线带。③固定一轴电机与减速机（拧紧转矩：4 N·m）。

（6）如果工业机器人有排气孔：添加法兰密封胶（Loctite 574），然后在摆动板的排气孔中重新安装螺钉（拧紧转矩：1 N·m）。

（7）①小心谨慎地将线缆导向装置移到线缆线

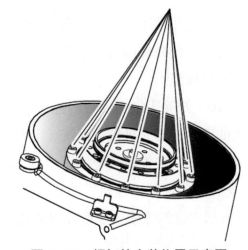

图 6-10 螺钉的安装位置示意图

束上，并将其安装在基座中，如图 6-11 所示。

注意：小心，确保不损坏线缆捆。

②用其连接螺钉固定线缆导向装置。

③在线缆导向装置的内表面上涂敷线缆润滑脂。

（8）①将基座与摆动板之间接触面上的旧的密封胶残留物和其他污染物擦干净。②将摆动板的锥口孔及螺钉擦拭干净。③在摆动板和齿轮的装配面上涂法兰密封胶（Loctite 574），如图 6-12 所示。

（9）在线缆导向装置装在摆动板上的那一部分塑料表面上涂一薄层线缆润滑脂。

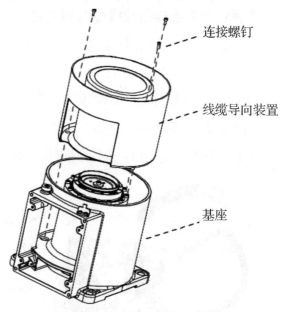

图 6-11 线缆导向装置安装示意图

（10）①在通过线缆导向装置装入线缆套装前，在线缆和软管上涂敷线缆润滑脂。②安装摆动板（图 6-13），同时将线缆线束装到线缆导向装置中。

注意：不要损伤线缆线束。

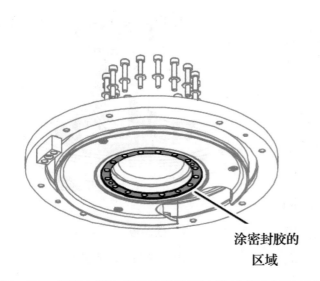

图 6-12 在摆动板和齿轮的装配面上涂法兰密封胶示意图

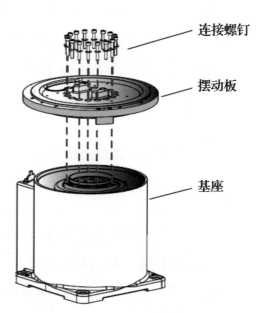

图 6-13 安装摆动板示意图

（11）在螺钉上涂上专用密封胶并固定摆动板。连接工业机器人本体内部一轴伺服电机的编码器线缆和动力线缆。

（12）①为便于装配扎线带，请稍稍拧松固定板的螺钉。②用扎线带将接插件固定到板上。

（13）①如果固定线缆板的螺钉已卸除，请重新安装。②小心地重新连接电池线缆接插件。③固定支架与电池（如果拆除）。④确保接地线缆已连接且未损坏。

注意：如果连接电池线缆时用力过猛，可能会损坏接插件。

（14）小心谨慎地将摆动板及 EIB 板和电池装入基座，如图 6-14 所示。

注意：确保线缆放置正确且无任何损坏！

（15）①用螺钉固定摆动板（拧紧转矩：2 N·m）。②小心地重新安装底座盖（拧紧转矩：4 N·m），如图 6-15 所示。

注意：确保在此过程中不会损坏线缆。

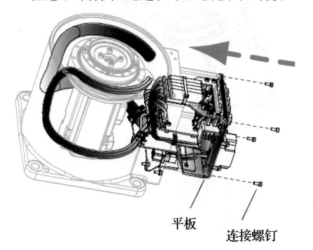

图 6-14 EIB 板和电池装入基座示意图

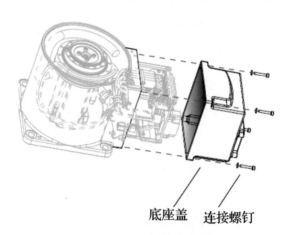

图 6-15 安装底座盖

（16）①提升摆动壳和机械臂系统（上臂和下臂）并将这些零件保持一定角度，以便能够将线缆支架安装到摆动板上。②固定线缆支架，如图 6-16 所示。

提示：最简单、最安全的方法是两个人协作，第一个人将机械臂系统保持在一定角度，第二个人安装线缆支架。

（17）①将机械臂系统保持在一定角度的同时，小心谨慎地将二轴电机线缆推入摆动壳，电机每侧各一条。②用扎线带延伸电机连接线缆，以便拉动线缆穿过底座。

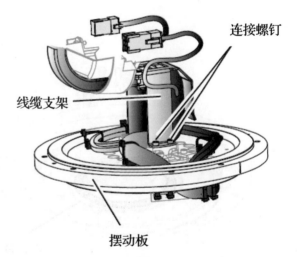

图 6-16 安装线缆支架示意图

（18）①小心谨慎地将其余线缆推入摆动壳。②将摆动板与摆动壳之间接触面上的旧密封胶残留物和其他污染物擦干净。③小心谨慎地将摆动壳移到线缆线束上，并将其放到安装位置。④用螺钉固定摆动壳（拧紧转矩：4 N·m）。

（19）①完成所有维修工作后，用蘸有酒精的无绒布擦掉工业机器人上的颗粒物。②连接工业机器人本体内部二轴伺服电机的编码器线缆和动力线缆接插件。③布设二轴电机线缆，使它们不会受损。④用扎线带将电机线缆固定在二轴电机周围。

（20）安装两个线缆导向装置，如图 6-17 所示（拧紧转矩：1 N·m）。

（21）①将线缆支架安装到下臂上。②用线缆润滑脂润滑下臂壳内侧，②安装下臂壳（拧紧转矩：2 N·m）。

（22）①工业机器人通电。②打开控制柜，将一轴微动到 90° 位置，以便能够安装其余两个固定摆动壳的连接螺钉。③关闭工业机器人的所有电力、液压和气压供给。④安装螺钉，固定摆动壳。⑤重新校准工业机器人。

注意：请确保在执行首次试运行时，满足所有安全要求。

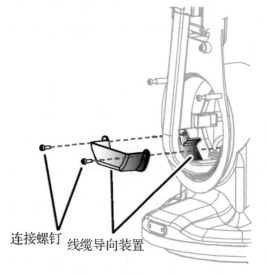

连接螺钉　线缆导向装置

图 6-17　安装线缆导向装置

 ## 任务评价

任务评价表见表 6-1，活动过程评价表见表 6-2。

表 6-1　任务评价表

评价项目	比例	配分	序号	评价要素	评分标准	自评	教师评价
6S职业素养	30%	30分	1	选用适合的工具实施任务，清理无须使用的工具	未执行扣 6 分		
			2	合理布置任务所需使用的工具，明确标志	未执行扣 6 分		
			3	清除工作场所内的脏污，发现设备异常立即记录并处理	未执行扣 6 分		
			4	规范操作，杜绝安全事故，确保任务实施质量	未执行扣 6 分		
			5	具有团队意识，小组成员分工协作，共同高质量完成任务	未执行扣 6 分		

续表

评价项目	比例	配分	序号	评价要素	评分标准	自评	教师评价
一轴电机与减速机更换方法	70%	70分	1	明确工业机器人本体维护的注意事项	未掌握扣15分		
			2	掌握一轴电机与减速机的位置	未掌握扣15分		
			3	能够选用适当的工具，按照标准工作流程完成一轴电机与减速机的拆卸	未掌握扣20分		
			4	能够选用适当的工具，按照标准工作流程完成一轴电机与减速机的更换	未掌握扣20分		
合计							

表 6-2　活动过程评价表

评价指标	评价要素	分数	分数评定
信息检索	能有效利用网络资源、工作手册查找有效信息；能用自己的语言有条理地去解释、表述所学知识；能将查找到的信息有效转换到工作中	10	
感知工作	是否熟悉各自的工作岗位，认同工作价值；在工作中，是否获得满足感	10	
参与状态	与教师、同学之间是否相互尊重、理解、平等；与教师、同学之间是否能够保持多向、丰富、适宜的信息交流。 探究学习、自主学习不流于形式，处理好合作学习和独立思考的关系，做到有效学习；能提出有意义的问题或能发表个人见解；能按要求正确操作；能够倾听、协作分享	20	
学习方法	工作计划、操作技能是否符合规范要求；是否获得了进一步发展的能力	10	
工作过程	遵守管理规程，操作过程符合现场管理要求；平时上课的出勤情况和每天完成工作任务情况；善于多角度思考问题，能主动发现、提出有价值的问题	15	
思维状态	是否能发现问题、提出问题、分析问题、解决问题	10	
自评反馈	按时按质完成工作任务；较好地掌握了专业知识点；具有较强的信息分析能力和理解能力；具有较为全面严谨的思维能力并能条理明晰表述成文	25	
总分		100	

任务 6.2　二轴电机与减速机更换方法

任务描述

某工作站中一台工业机器人本体的二轴电机或减速机出现故障，需根据实训指导手册中的步骤完成工业机器人二轴电机与减速机的更换。

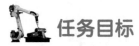

任务目标

1. 明确二轴电机与减速机的位置。
2. 掌握拆卸二轴电机与减速机的方法。
3. 掌握更换二轴电机与减速机的方法。

所需工具

工业机器人本体维护维修标准工具包，专用法兰密封胶、专用减速机密封胶、专用清洗剂、扎线带和配套需更换的部件。

学时安排

建议学时共 2 学时，其中相关知识学习建议 0.5 学时，学员练习建议 1.5 学时。

工作流程

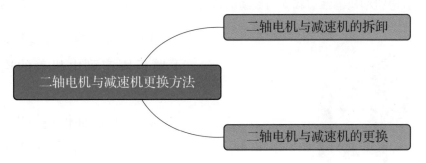

知识储备

IRB 120 工业机器人二轴电机与减速机的位置，如图 6-18 所示。

IRB 120 工业机器人下臂壳的设计有两种，一种设计有一个排气孔，另一种设计则没有排气孔。

任务实施

1. 二轴电机与减速机的拆卸

拆卸 IRB 120 工业机器人二轴电机与减速机步骤如下。

（1）①将工业机器人手动操纵到校准位置。②关闭工业机器人的所有电力、液压和气压供给！③在拆卸工业机器人的零部件时，请先使用小刀切割漆层并打磨漆层毛边。

（2）卸除下臂两侧的臂壳，断开工业机器人本体内部三轴伺服电机编码器线缆和动力线缆的接插件，如图6-19所示。

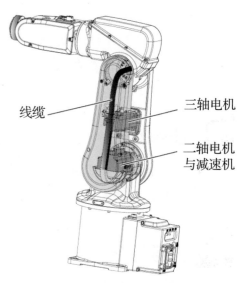

图 6-18　二轴电机与减速机的位置

（3）拧下固定线缆支架的连接螺钉，以便能够从下臂上取下线缆线束，如图6-20所示。

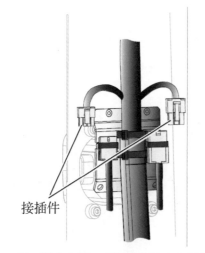

图 6-19　三轴伺服电机编码器线缆和动力线缆的接插件

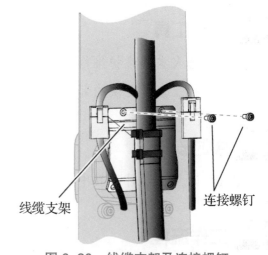

图 6-20　线缆支架及连接螺钉

（4）卸下两个线缆导向装置，拧下将下臂板固定到电机盖的连接螺钉，如图6-21所示。

（5）小心谨慎地拉出线缆线束，拉出越长越好，但不能造成损坏，以一定角度放置下臂板，如图6-22所示。

（6）留下两颗连接螺钉，紧紧握住上臂和下臂，拧下其余将下臂固定到二轴减速机的螺钉，如图6-23所示。

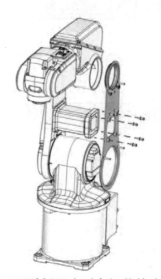

图 6-21　下臂板固定到电机盖的连接螺钉

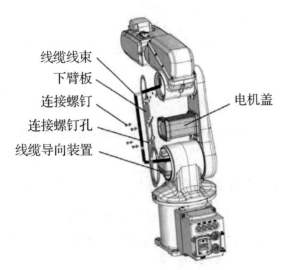

图 6-22　下臂板拆卸示意图

线缆线束
下臂板
连接螺钉
连接螺钉孔
线缆导向装置
电机盖

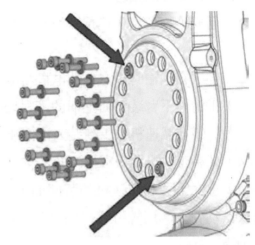

图 6-23　下臂固定到二轴减速机的螺钉

（7）小心谨慎地拧下剩余的两颗将下臂固定到二轴减速机的螺钉，拆下下臂，如图6-24所示。

（8）如果下臂壳为有气孔设计，则需要从摆动板卸下气孔处螺钉。①小心谨慎地将下臂和上臂放在摆动壳和基座旁边，确保不损坏线缆线束。②将机械臂系统放在塑料上或软装箱子中。机械臂系统的放置方式必须使其不能自己移动或被移动。③断开工业机器人内部二轴伺服电机编码器线缆和动力线缆的接插头。

（9）拧下将二轴电机与减速机固定到摆动壳上的连接螺钉和平垫圈，小心谨慎地拆除二轴电机，如图6-25所示。

注意：为了不损坏任何部件，拆卸电机与减速机时必须牢牢抓住两个部件。

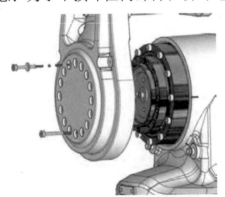

图 6-24　下臂拆卸示意图

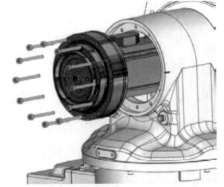

图 6-25　二轴的电机与减速机固定到摆动壳上的连接螺钉和平垫圈

2. 二轴电机与减速机的更换

更换 IRB 120 工业机器人二轴电机与减速机方法如下。

（1）准备工作。

①执行此操作程序时必须特别小心，执行程序的过程中，线缆线束仍不断开连接或部分不断开连接。

②清洁已张开的接缝。

③重新安装前，请先确保：所有装配面是否均清洁无损坏；电机和减速机是否均清洁无损坏。

（2）卸下在运输时固定二轴电机与减速机的两颗螺钉与螺母。

（3）①清除下臂装配面上旧的密封胶残留物和其他污染物。②将摆动板的锥口孔及螺钉擦拭干净。③在减速机中重新装入润滑脂。

（4）如果工业机器人有排气孔，拧下下臂壳排气孔中的螺钉以释放下臂壳内的压力。

（5）①在下臂和减速机的装配面上涂法兰密封胶（Loctite 574）。②将二轴电机与减速机放入摆动壳。③用螺钉将二轴电机与减速机固定到摆动壳上（拧紧转矩：4 N·m），如图6-26所示。

（6）固定住上臂和下臂不动，先用两颗连接螺钉将下臂固定到二轴电机与减速机上。安装其余连接螺钉，将二轴电机与减速机固定到下臂上，拧紧所有螺钉（拧紧转矩：4 N·m），如图6-27所示。

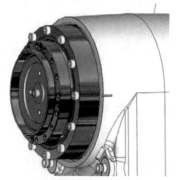
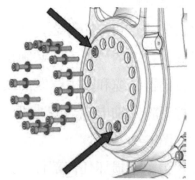

图6-26　将二轴电机与减速机固定到摆动壳上　　图6-27　将二轴电机与减速机固定到下臂上

（7）如果工业机器人下臂壳有排气孔，则需添加密封胶，然后在下臂壳的排气孔中装回螺钉，再重新安装下臂板。

注意：确保下臂板位于中心位置！

（8）①重新连接二轴电机的编码器线缆和动力线缆的接头。②用扎线带将电机线缆固定在二轴电机的周围。③将线扎放在一侧，以使下臂壳能扣好。

（9）重新安装两个线缆导向装置（拧紧转矩：1 N·m）。

（10）重新连接工业机器人内部三轴伺服电机编码器和动力线缆的接插件。将线缆支架重新装到下臂上。

（11）①检查所有关节轴上的线缆线束是否完好无损且连接正确。②重新安装下臂壳。③拧紧转矩：2 N·m。

（12）①完成所有维修工作后，用蘸有酒精的无绒布擦掉工业机器人上的颗粒物。②重新密封和漆涂已张开的接缝。③重新校准工业机器人。

注意：请确保在执行首次试运行时，满足所有安全要求。

 **任务评价**

任务评价表见表6-3，活动过程评价表见表6-4。

表6-3　任务评价表

评价项目	比例	配分	序号	评价要素	评分标准	自评	教师评价
6S职业素养	30%	30分	1	选用适合的工具实施任务，清理无须使用的工具	未执行扣6分		
			2	合理布置任务所需使用的工具，明确标志	未执行扣6分		
			3	清除工作场所内的脏污，发现设备异常立即记录并处理	未执行扣6分		
			4	规范操作，杜绝安全事故，确保任务实施质量	未执行扣6分		
			5	具有团队意识，小组成员分工协作，共同高质量完成任务	未执行扣6分		
二轴电机与减速机更换方法	70%	70分	1	掌握二轴电机与减速机的位置	未掌握扣10分		
			2	能够选用适当的工具，按照标准工作流程完成二轴电机与减速机的拆卸	未掌握扣30分		
			3	能够选用适当的工具，按照标准工作流程完成二轴电机与减速机的更换	未掌握扣30分		
合计							

表6-4　活动过程评价表

评价指标	评价要素	分数	分数评定
信息检索	能有效利用网络资源、工作手册查找有效信息；能用自己的语言有条理地去解释、表述所学知识；能将查找到的信息有效转换到工作中	10	
感知工作	是否熟悉各自的工作岗位，认同工作价值；在工作中，是否获得满足感	10	
参与状态	与教师、同学之间是否相互尊重、理解、平等；与教师、同学之间是否能够保持多向、丰富、适宜的信息交流。探究学习、自主学习不流于形式，处理好合作学习和独立思考的关系，做到有效学习；能提出有意义的问题或能发表个人见解；能按要求正确操作；能够倾听、协作分享	20	

续表

评价指标	评价要素	分数	分数评定
学习方法	工作计划、操作技能是否符合规范要求；是否获得了进一步发展的能力	10	
工作过程	遵守管理规程，操作过程符合现场管理要求；平时上课的出勤情况和每天完成工作任务情况；善于多角度思考问题，能主动发现、提出有价值的问题	15	
思维状态	是否能发现问题、提出问题、分析问题、解决问题	10	
自评反馈	按时按质完成工作任务；较好地掌握了专业知识点；具有较强的信息分析能力和理解能力；具有较为全面严谨的思维能力并能条理明晰表述成文	25	
总分		100	

任务 6.3　三轴电机与减速机更换方法

任务描述

某工作站中一台工业机器人本体的三轴电机或减速机出现故障，需根据实训指导手册中的步骤完成工业机器人三轴电机与减速机的更换。

任务目标

1. 明确三轴电机与减速机的位置。
2. 掌握拆卸三轴电机与减速机的方法。
3. 掌握更换三轴电机与减速机的方法。

所需工具

工业机器人本体维护维修标准工具包，专用法兰密封胶、专用减速机密封胶、专用清洗剂、扎线带和配套需更换的部件。

学时安排

建议学时共 2 学时，其中相关知识学习建议 0.5 学时，学员练习建议 1.5 学时。

工作流程

```
                          ┌──────────────────┐
                      ┌───│ 三轴电机与减速机的拆卸 │
┌──────────────────┐  │   └──────────────────┘
│ 三轴电机与减速机更换方法 │──┤
└──────────────────┘  │   ┌──────────────────┐
                      └───│ 三轴电机与减速机的更换 │
                          └──────────────────┘
```

 知识储备

1. 三轴电机与减速机位置

IRB 120 工业机器人三轴电机与减速机的位置如图 6-28、图 6-29 所示。

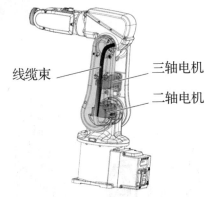

图 6-28 三轴电机的位置

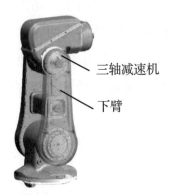

图 6-29 三轴减速机在工业机器人本体上的位置

2. 线缆线束分布

IRB 120 工业机器人本体中线缆束的分布如图 6-30 所示。

在实施 IRB 120 工业机器人维护维修过程中，可能涉及手腕、上臂壳体、下臂和摆动板，以及基座各部位电缆线束的拆卸。

 任务实施

1. 三轴电机与减速机的拆卸

工业机器人系统交付时，IRB 120 工业机器人三轴减速机与下臂为一个整体，不建议自行单独更换三轴减速机。下面分别介绍单独拆卸三轴电机的方法和拆卸下臂的方法。

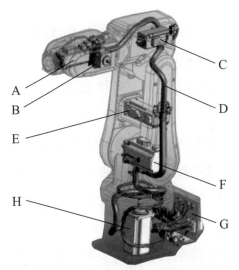

图 6-30 工业机器人本体中线缆线束的分布
A—六轴电机；B—五轴电机；C—四轴电机；D—下臂线缆线束；E—三轴电机；F—二轴电机；G—平板（线缆线束的一部分）；H——轴电机

1）单独拆卸三轴电机

当只有三轴电机损坏，需要单独更换时，需执行以下步骤。

（1）拆卸三轴电机之前先固定住手臂系统。关闭工业机器人的所有电力、液压和气压供给。在拆卸工业机器人的零部件时，请先使用小刀切割漆层并打磨漆层毛边。

（2）卸除下臂两侧的下臂壳。切掉固定三轴电机线缆接插件的线缆带。断开工业机器人三轴电机的编码器线缆和动力线缆的接插头。

（3）拧松固定线缆支架的连接螺钉。将线缆线束向侧面移动少许，拧下固定三轴电机的连接螺钉。从电机轴的皮带轮上卸下同步带，卸下三轴电机。

2）拆卸下臂

拆卸下臂步骤如下。

（1）关闭工业机器人的所有电力、液压和气压供给。在拆卸工业机器人的零部件时，请先使用小刀切割漆层并打磨漆层毛边。

（2）卸除工业机器人两侧的下臂壳。

（3）卸除在下臂中的电缆束。

（4）拧下固定下臂和上臂的连接螺钉，并将上下臂分离开。

（5）拧下将二轴电机盖固定到下臂平板的连接螺钉。

（6）拧下将下臂固定到二轴减速机的螺钉，卸下下臂，如图 6-31 所示。卸下三轴电机和同步带。

2. 三轴电机与减速机的更换

1）单独更换三轴电机

更换 IRB 120 工业机器人三轴电机的步骤如下。

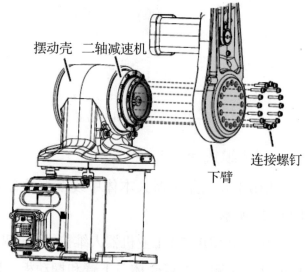

拆卸 ABB IRB 120 型工业机器人下臂

摆动壳　二轴减速机

连接螺钉

下臂

图 6-31　拆卸下臂示意图

（1）准备工作：确保所有装配面是否均清洁无损坏；电机和减速机是否均清洁无损坏。清洁已张开的接缝。将三轴电机放在电机盖中。

（2）重新安装皮带轮上的同步带。拧紧固定电机的连接螺钉和垫圈，固定后要求仍能移动电机。

（3）将电机移到同步带张力恰到好处的位置。使用手持弹簧秤测量同步带张力。

新皮带：$F = 18\text{--}19.7\,\text{N}$。

旧皮带：$F = 12.5\text{--}14.3\,\text{N}$。

注意：请勿将同步带拉伸太多。

（4）用螺钉和垫圈固定三轴电机（拧紧转矩：4 N·m）。

（5）重新安装下臂平板（拧紧转矩：4 N·m）如图 6-32 所示。

（6）重新连接三轴电机编码器线缆和动力线缆的接插头。通过将线缆支架重新安装到下臂平板来固定线缆线束（拧紧转矩：1 N·m）。

（7）用扎线带固定接插件。

注意：将带结放在一侧，以使下臂壳安装良好。

（8）重新安装下臂壳。

（9）完成所有维修工作后，用蘸有酒精的无绒布擦掉工业机器人上的颗粒物。密封和漆涂已张开的接缝。重新校准工业机器人。

注意：请确保在执行首次试运行时，满足所有安全要求。

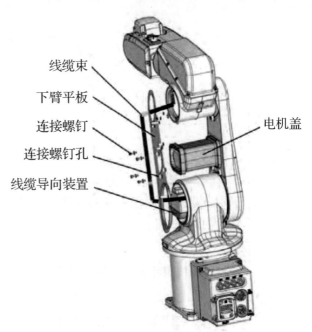

线缆束
下臂平板
连接螺钉
连接螺钉孔
线缆导向装置
电机盖

图 6-32　重新安装下臂平板

2）更换下臂

IRB 120 工业机器人的下臂包含三轴减速机，更换下臂的步骤如表 6-5 所示。

表 6-5　更换下臂的步骤

序号	操作	图
1	准备工作如下。 ①检查确保：所有装配面是否均清洁无损坏；电机和减速机是否均清洁无损坏。 ②清洁已张开的接缝	
2	①在二轴减速机和下臂的装配面上涂敷法兰密封胶。 ②用连接螺钉将下臂重新连接到二轴减速机。 其中，拧紧转矩为 4 N·m	摆动壳　二轴减速机 连接螺钉 下臂

序号	操作	图
3	重新安装电机盖	
4	重新安装三轴电机	
5	用连接螺钉固定上臂和下臂。拧紧转矩为 2 N·m	
6	将线缆线束重新安装到下臂中	
7	重新安装四轴处的壳体盖和下臂壳，拧紧转矩为 1 N·m	
8	①完成所有维修工作后，用蘸有酒精的无绒布擦掉工业机器人上的颗粒物。②密封和漆涂已张开的接缝。③重新校准工业机器人。④请确保在执行首次试运行时，满足所有安全要求	

任务评价

任务评价表见表 6-6，活动过程评价表见表 6-7。

表 6-6　任务评价表

评价项目	比例	配分	序号	评价要素	评分标准	自评	教师评价
6S 职业素养	30%	30分	1	选用适合的工具实施任务，清理无须使用的工具	未执行扣 6 分		
			2	合理布置任务所需使用的工具，明确标志	未执行扣 6 分		
			3	清除工作场所内的脏污，发现设备异常立即记录并处理	未执行扣 6 分		
			4	规范操作，杜绝安全事故，确保任务实施质量	未执行扣 6 分		
			5	具有团队意识，小组成员分工协作，共同高质量完成任务	未执行扣 6 分		

续表

评价项目	比例	配分	序号	评价要素	评分标准	自评	教师评价
三轴电机与减速机更换方法	70%	70分	1	掌握三轴电机与减速机的位置	未掌握扣10分		
			2	能够选用适当的工具，按照标准工作流程完成三轴电机的拆卸	未掌握扣15分		
			3	能够选用适当的工具，按照标准工作流程完成下臂的拆卸	未掌握扣15分		
			4	能够选用适当的工具，按照标准工作流程完成三轴电机的更换	未掌握扣15分		
			5	能够选用适当的工具，按照标准工作流程完成下臂的更换	未掌握扣15分		
合计							

表6-7 活动过程评价表

评价指标	评价要素	分数	分数评定
信息检索	能有效利用网络资源、工作手册查找有效信息；能用自己的语言有条理地去解释、表述所学知识；能将查找到的信息有效转换到工作中	10	
感知工作	是否熟悉各自的工作岗位，认同工作价值；在工作中，是否获得满足感	10	
参与状态	与教师、同学之间是否相互尊重、理解、平等；与教师、同学之间是否能够保持多向、丰富、适宜的信息交流。探究学习、自主学习不流于形式，处理好合作学习和独立思考的关系，做到有效学习；能提出有意义的问题或能发表个人见解；能按要求正确操作；能够倾听、协作分享	20	
学习方法	工作计划、操作技能是否符合规范要求；是否获得了进一步发展的能力	10	
工作过程	遵守管理规程，操作过程符合现场管理要求；平时上课的出勤情况和每天完成工作任务情况；善于多角度思考问题，能主动发现、提出有价值的问题	15	
思维状态	是否能发现问题、提出问题、分析问题、解决问题	10	
自评反馈	按时按质完成工作任务；较好地掌握了专业知识点；具有较强的信息分析能力和理解能力；具有较为全面严谨的思维能力并能条理明晰表述成文	25	
总分		100	

任务 6.4　上臂及五轴电机更换方法

任务描述

某工作站中一台工业机器人本体的四轴电机至六轴电机或减速机出现故障，需根据实训指导手册中的步骤完成工业机器人部件的更换。

任务目标

1. 明确四轴电机至六轴电机与减速机的位置。
2. 掌握更换五轴电机与减速机的方法。
3. 掌握更换上臂的方法。

所需工具

工业机器人本体维护维修标准工具包、专用法兰密封胶、专用减速机密封胶、专用清洗剂、扎线带和需要更换的一套部件。

学时安排

建议学时共 4 学时，其中相关知识学习建议 1 学时，学员练习建议 3 学时。

工作流程

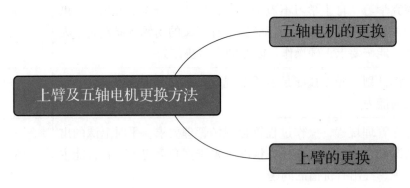

知识储备

IRB 120 工业机器人四轴电机至六轴电机与减速机处于本体的上臂处，上臂和下臂位置如图 6-33 所示。其中，四轴电机与减速机、五轴减速机、六轴电机与减速机作为上臂的一部分交付，不建议单独更换。四轴电机的位置如图 6-34 所示，五轴减速机的位置如图 6-35 所示，六轴电机与减速机的位置如图 6-36 所示。

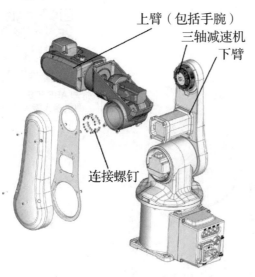

图6-33　上臂和下臂位置

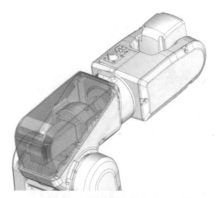

图6-34　四轴电机的位置

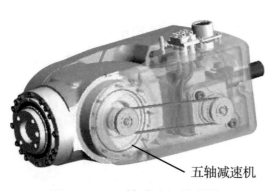

图6-35　五轴减速机的位置

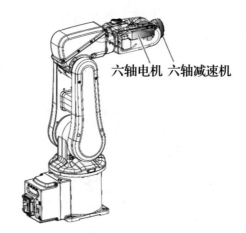

图6-36　六轴电机及减速机的位置

五轴电机装有同步带轮，位于图6-37所示位置，出现故障发生损坏时可单独更换。

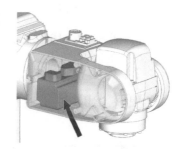

图6-37　五轴电机的位置

 任务实施

1. 五轴电机的更换

1）拆卸五轴电机

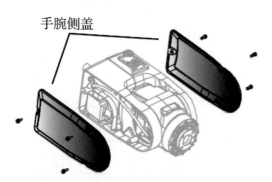

图6-38　卸下手腕两侧的手腕侧盖

拆卸IRB 120工业机器人五轴电机的步骤如下。

（1）关闭工业机器人的所有电力、液压和气压供给。使用小刀切割漆层并打磨漆层毛边。

（2）卸下手腕两侧的手腕侧盖，如图6-38所示。

（3）拧松固定夹具的连接螺钉，如图 6-39 所示。

（4）卸下接插件支座，如图 6-40 所示。

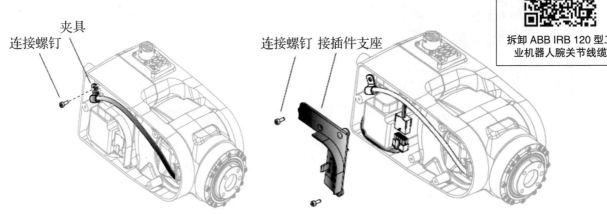

图 6-39　固定夹具的连接螺钉　　　　图 6-40　接插件支座

拆卸 ABB IRB 120 型工业机器人腕关节线缆

（5）切掉扎线带。断开五轴电机的动力线缆与编码器线缆的接插头。拧松固定五轴电机的紧固螺钉，如图 6-41 所示。

（6）从皮带轮上取下同步带，卸下带皮带轮的电机，如图 6-42 所示。

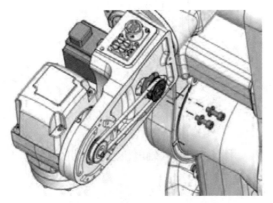 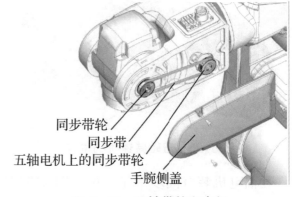

图 6-41　固定五轴电机的紧固螺钉　　　　图 6-42　五轴带轮和电机

2）更换五轴电机

更换 IRB 120 工业机器人五轴电机的步骤如下。

表 6-8　更换五轴电机的步骤

序号	操作
1	准备工作如下。 ①确保：所有装配面是否均清洁无损坏；电机和减速器是否均清洁无损坏。 ②清洁已张开的接缝
2	将五轴电机放入手腕处
3	重新连五轴电机的动力线缆与编码器线缆的接插头
4	重新安装皮带轮和同步带

序号	操作
5	拧紧固定电机的连接螺钉和垫圈，只要仍能移动电机就足够了（拧紧转矩：2 N·m）
6	①将电机移到同步带张力恰到好处的位置：新皮带 F = 7.6–8.4 N；旧皮带：F = 5.3–6.1 N。 ②用其连接螺钉和垫圈固定五轴电机（拧紧转矩：4 N·m）
7	①重新安装接插件支座（拧紧转矩：1 N·m）。 ②用连接螺钉重新安装夹具（拧紧转矩：1 N·m）。 ③用线缆带固定线缆。 ④重新安装手腕侧盖
8	①完成所有维修工作后，用蘸有酒精的无绒布擦掉工业机器人上的颗粒物。 ②密封和漆涂已张开的接缝。 ③重新校准工业机器人。 ④请确保在执行首次试运行时，满足所有安全要求

2. 上臂的更换

1）拆卸上臂

拆卸 IRB 120 工业机器人上臂的方法如下。

（1）操纵工业机器人关节轴五运动至 90° 位置处。关闭工业机器人的所有电力、液压和气压供给。在拆卸工业机器人的零部件时，请先使用小刀切割漆层并打磨漆层毛边。

（2）卸下手腕两侧的手腕侧盖。

注意：关节轴五此时应处在 90° 位置。

（3）拆下五轴电机。拆卸手腕中的线缆线束，将线缆线束拔出手腕壳。

（4）卸除手腕壳（塑料），如图 6-43 所示。

注意：关节轴五此时应处在 90° 位置。

（5）拆下上臂壳中的线缆线束。拧松四轴电机两侧用于固定线缆支架的紧固螺钉，如图 6-44 所示。

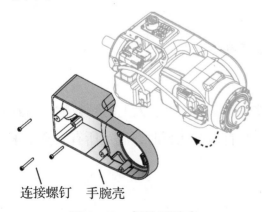

图 6-43　卸除手腕壳

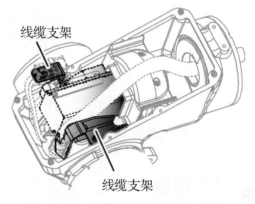

图 6-44　四轴电机两侧线缆支架

（6）卸除工业机器人两侧的下臂壳。卸除在下臂中的线缆束。

（7）拧松电机盖上固定下臂板的螺钉。将线缆线束拔出上臂壳。

（8）通过牢固夹持固定上臂。拧下将包含手腕的上臂固定到三轴减速机的连接螺钉，卸下上臂。

2）更换上臂

更换 IRB 120 工业机器人上臂的方法如下。

（1）准备工作：确保所有装配面是否均清洁无损坏；电机和减速器是否均清洁无损坏。清洁已张开的接缝。使用专用清洗剂清除三轴减速机和上臂装配面。在三轴减速机与上臂装配面上均匀的涂专用密封胶。

（2）使用连接螺钉将上臂（包括手腕）固定到三轴减速机上。

（3）将线缆线束推入上臂壳。

（4）重新安装下臂板（拧紧转矩：4 N·m）。

（5）将线缆线束固定到下臂平板。

（6）重新安装下臂壳（拧紧转矩：1 N·m）。

（7）将线缆线束固定到上臂壳中。重新安装四轴电机两侧的两个线缆支架（拧紧转矩：1 N·m）。

（8）将线缆线束推入手腕，重新安装线缆支架。将线缆线束重新安装到手腕中。

（9）重新安装手腕壳（塑料）。

注意：关节轴五此时应该处于 90° 处，如图 6-45 所示。

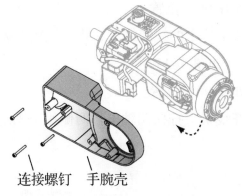

连接螺钉　手腕壳

图 6-45　重新安装手腕壳

（10）重新安装五轴电机。

（11）完成所有维修工作后，用蘸有酒精的无绒布擦掉工业机器人上的颗粒物。密封和漆涂已张开的接缝。重新校准工业机器人。请确保在执行首次试运行时，满足所有安全要求。

任务评价

任务评价表见表 6-9，活动过程评价表见表 6-10。

表6-9 任务评价表

评价项目	比例	配分	序号	评价要素	评分标准	自评	教师评价
6S职业素养	30%	30分	1	选用适合的工具实施任务，清理无须使用的工具	未执行扣6分		
			2	合理布置任务所需使用的工具，明确标志	未执行扣6分		
			3	清除工作场所内的脏污，发现设备异常立即记录并处理	未执行扣6分		
			4	规范操作，杜绝安全事故，确保任务实施质量	未执行扣6分		
			5	具有团队意识，小组成员分工协作，共同高质量完成任务	未执行扣6分		
上臂及五轴电机的更换	70%	70分	1	掌握四轴电机至六轴电机与减速机的位置	未掌握扣10分		
			2	能够选用适当的工具，按照标准工作流程完成五轴电机的拆卸	未掌握扣15分		
			3	能够选用适当的工具，按照标准工作流程完成五轴电机的更换	未掌握扣15分		
			4	能够选用适当的工具，按照标准工作流程完成上臂的拆卸	未掌握扣15分		
			5	能够选用适当的工具，按照标准工作流程完成上臂的更换	未掌握扣15分		
合计							

表6-10 活动过程评价表

评价指标	评价要素	分数	分数评定
信息检索	能有效利用网络资源、工作手册查找有效信息；能用自己的语言有条理地去解释、表述所学知识；能将查找到的信息有效转换到工作中	10	
感知工作	是否熟悉各自的工作岗位，认同工作价值；在工作中，是否获得满足感	10	
参与状态	与教师、同学之间是否相互尊重、理解、平等；与教师、同学之间是否能够保持多向、丰富、适宜的信息交流。 探究学习、自主学习不流于形式，处理好合作学习和独立思考的关系，做到有效学习；能提出有意义的问题或能发表个人见解；能按要求正确操作；能够倾听、协作分享	20	
学习方法	工作计划、操作技能是否符合规范要求；是否获得了进一步发展的能力	10	

续表

评价指标	评价要素	分数	分数评定
工作过程	遵守管理规程，操作过程符合现场管理要求；平时上课的出勤情况和每天完成工作任务情况；善于多角度思考问题，能主动发现、提出有价值的问题	15	
思维状态	是否能发现问题、提出问题、分析问题、解决问题	10	
自评反馈	按时按质完成工作任务；较好地掌握了专业知识点；具有较强的信息分析能力和理解能力；具有较为全面严谨的思维能力并能条理明晰表述成文	25	
	总分	100	

项目知识测评

1. 单选题

（1）IRB 120 工业机器人下臂内的同步带为使用过的部件时，张力应为多少？（   ）

A. F = 18–19.7 N   B. F = 12.5–14.3 N

C. F = 12.5–19.7 N   D. F = 14.3–19.7 N

（2）四轴电机至六轴电机与减速机处于 IRB 120 工业机器人本体的（   ）处。

A. 上臂   B. 下臂   C. 前臂   D. 基座

（3）IRB 120 工业机器人下臂壳的设计有两种，一种设计有一个（   ），另一种设计则没有。

A. 排气孔   B. 吊环   C. 线缆支架   D. 螺纹孔

（4）IRB 120 工业机器人一轴的电机与减速机的更换流程建议在工业机器人处在（   ）的情况下进行。

A. 机械零点   B. 竖立位置   C. 开机状态   D. 缺少润滑油

（5）进行 IRB 120 工业机器人一轴的电机与减速机的更换时，如工业机器人一轴处于校准位置，最后面的两颗用于固定摆动壳的螺钉难以触及。需要将一轴手动操纵至（   ）位置，再拧下将摆动壳固定在底座上的两颗紧固螺钉。

A. 0°   B. 30°   C. 60°   D. 90°

2. 判断题

（1）IRB 120 工业机器人四轴电机至六轴电机与减速机处于本体的下臂处。   （   ）

（2）在更换使用防护类型 Clean Room 漆料的工业机器人部件时，应务必确保在更换后在结构和新部件之间的结合处不会有颗粒脱落。   （   ）

（3）当一轴处于校准位置时，最后面的两颗用于固定摆动壳的螺钉难以触及。   （   ）

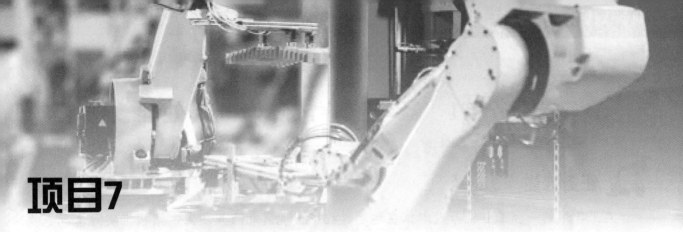

项目7
工业机器人本体故障诊断与处理

 项目导言

本项目围绕工业机器人维护维修岗位职责和企业实际生产中的工业机器人本体维护维修工作内容，就工业机器人本体维护与维修的故障分析思路和维修操作方法进行了详细的讲解，并设置了丰富的实训任务，使学生通过实操进一步理解维护维修的分析和操作思路。

 项目目标

1. 培养分析工业机器人本体震动噪声、电机过热、齿轮箱漏油及关节不能锁定等常见故障的能力。

2. 培养处理工业机器人本体常见故障的能力。

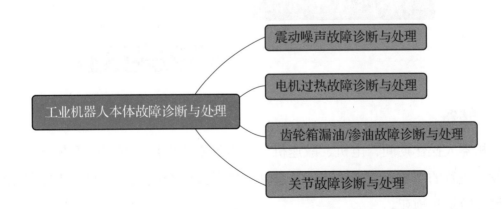

任务 7.1　震动噪声故障诊断与处理

任务描述

某工作站的一台工业机器人本体在运动过程中出现震动噪声现象，请根据实际情况查找分析出现震动噪声的原因，并根据操作步骤完成工业机器人本体震动噪声的处理。

任务目标

1. 分析工业机器人震动噪声的原因。
2. 根据操作步骤完成对工业机器人本体震动噪声的处理。

所需工具

工业机器人本体维护维修标准工具包、内六角扳手套组、十字螺丝刀、一字螺丝刀、万用电表、机器人本体安全操作指导书。

学时安排

建议学时共 2 学时，其中相关知识学习建议 1 学时，学员练习建议 1 学时。

工作流程

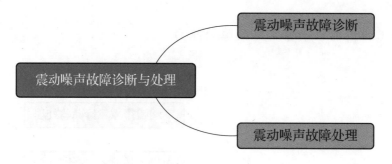

知识储备

在工业机器人操作期间，电机、减速机、轴承等不应发出机械噪声及振动。出现故障的轴承通常发出短暂的摩擦声或者嘀嗒声及震动。轴承故障会造成工业机器人路径精确度不一致，严重可导致接头抱死。

轴承引起的震动噪声故障出现的原因通常有如下几个方面。

（1）磨损的轴承。

（2）污染物进入轴承圈。

（3）轴承没有润滑。

减速机引起的震动噪声故障主要是由减速机过热造成的。减速机过热主要有以下原因。

（1）使用润滑油的质量或者油面高度不正确。

（2）工业机器人工作周期内特定关节轴的运行太困难。

（3）齿轮箱内出现过大压力。

任务实施

工业机器人本体轴承震动噪声故障处理步骤见表 7-1。

表 7-1　工业机器人本体轴承震动噪声故障处理步骤

步骤	操作实施	参考信息
1	在接近可能发热的工业机器人本体组件之前，请遵守安全操作规范和本体维护注意事项，做好安全防护措施	安全注意事项
2	确定发出噪声的轴承	
3	确定轴承是否有充分的润滑	请参考产品手册
4	如有可能，拆开关节的轴承连接处并测量间距	
5	电机内的轴承不能单独更换，只能更换整个电机	请参考产品手册更换有故障的电机
6	确定轴承正确装配	

工业机器人减速机震动噪声故障处理步骤见表 7-2。

表 7-2　工业机器人减速机震动噪声故障处理步骤

步骤	操作实施	参考信息
1	在接近可能发热的工业机器人组件之前，请遵守安全操作规范和本体维护注意事项，做好安全防护措施	安全注意事项
2	检查故障减速机所处关节处润滑油面高度和类型	
3	检查工业机器人在执行特别重载荷的复合工作周期内，故障关节处是否装配有排油插销，如没有建议购买	请参考产品手册
4	在应用程序中写入一小段的"冷却周期"程序，使工业机器人故障关节处可以得到冷却的效果	

安全注意事项如下。

所有正常的检修工作、安装、维护和维修工作通常在关闭全部电气、气压和液压动力的情况下执行。

故障排除期间存在危险，在故障排除期间必须无条件地考虑以下注意事项。

（1）所有电气部件必须视为带电的。

（2）操纵器必须能够随时进行任何运动。

（3）由于安全电路可能已经断开或已绑住以启用正常禁止的功能，因此系统必须能够执行相应操作。

 **任务评价**

任务评价表见表7-3，活动过程评价表见表7-4。

表7-3 任务评价表

评价项目	比例	配分	序号	评价要素	评分标准	自评	教师评价
6S职业素养	30%	30分	1	选用适合的工具实施任务，清理无须使用的工具	未执行扣6分		
			2	合理布置任务所需使用的工具，明确标志	未执行扣6分		
			3	清除工作场所内的脏污，发现设备异常立即记录并处理	未执行扣6分		
			4	规范操作，杜绝安全事故，确保任务实施质量	未执行扣6分		
			5	具有团队意识，小组成员分工协作，共同高质量完成任务	未执行扣6分		
震动噪声故障诊断与处理	70%	70分	1	掌握轴承引起的震动噪声故障出现的原因	未掌握扣15分		
			2	掌握减速机过热的原因	未掌握扣15分		
			3	能够处理因工业机器人本体上轴承引起的震动噪声	未掌握扣20分		
			4	能够处理因工业机器人本体上减速机引起的震动噪声	未掌握扣20分		
合计							

表 7-4　活动过程评价表

评价指标	评价要素	分数	分数评定
信息检索	能有效利用网络资源、工作手册查找有效信息；能用自己的语言有条理地去解释、表述所学知识；能将查找到的信息有效转换到工作中	10	
感知工作	是否熟悉各自的工作岗位，认同工作价值；在工作中，是否获得满足感	10	
参与状态	与教师、同学之间是否相互尊重、理解、平等；与教师、同学之间是否能够保持多向、丰富、适宜的信息交流。 探究学习、自主学习不流于形式，处理好合作学习和独立思考的关系，做到有效学习；能提出有意义的问题或能发表个人见解；能按要求正确操作；能够倾听、协作分享	20	
学习方法	工作计划、操作技能是否符合规范要求；是否获得了进一步发展的能力	10	
工作过程	遵守管理规程，操作过程符合现场管理要求；平时上课的出勤情况和每天完成工作任务情况；善于多角度思考问题，能主动发现、提出有价值的问题	15	
思维状态	是否能发现问题、提出问题、分析问题、解决问题	10	
自评反馈	按时按质完成工作任务；较好地掌握了专业知识点；具有较强的信息分析能力和理解能力；具有较为全面严谨的思维能力并能条理明晰表述成文	25	
总分		100	

任务 7.2　电机过热故障诊断与处理

任务描述

　　某工作站的一台工业机器人本体在运动过程中某个电机出现过热报警现象，请根据实际情况查找分析出现电机过热的原因，并根据操作步骤完成工业机器人电机过热故障的处理。

任务目标

　　1. 分析工业机器人出现电机过热的原因。

　　2. 根据操作步骤完成对工业机器人电机过热报警的处理。

所需工具

工业机器人本体维护维修标准工具包、内六角扳手套组、十字螺丝刀、一字螺丝刀、万用电表、工业机器人专用温度测量仪、工业机器人本体安全操作指导书。

学时安排

建议学时共 2 学时，其中相关知识学习建议 1 学时，学员练习建议 1 学时。

工作流程

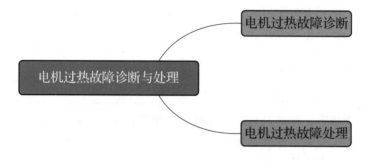

知识储备

在工业机器人运行期间，示教器如果出现"20252"的报警信息，则表示工业机器人本体中电机温度过高。注意不要让电机主体的温度超过 105℃，否则可能会对电机造成损害。

出现电机过热的原因可能有以下几个方面。

（1）电源电压过高或者下降过多。

（2）空气过滤器选件阻塞。

（3）电机过载运行。

（4）轴承缺油或者损坏。

任务实施

工业机器人电机过热故障处理措施见表 7-5。

表 7-5　工业机器人电机过热故障处理措施

序号	处理措施	参考信息
1	等待过热电机充分散热	安全注意事项
2	检查电源，调整电源电压的大小	
3	检查控制柜航空插头，并插好	

续表

序号	处理措施	参考信息
4	检查空气过滤器选件是否阻塞，如阻塞请更换	请参考产品手册
5	确定轴承有充分的润滑	
6	检查轴承是否损坏，电机内的轴承不能单独更换，只能更换整个电机	请参考产品手册，更换有故障的电机
7	调整后利用程序来调整热量监控设置	

工业机器人热量监控程序见表 7-6。

表 7-6　工业机器人热量监控程序

序号	操作	参考信息
1	启动电机，然后运行预期的最耗能循环	
2	在 Test signal viewer 中监测电机主体的温度和热学模型的温升（测试信号编号 190）	T_{stator_rise}= 测得的电机主体温度 + 35° – 实际环境温度 35° 是电机主体温度和定子温度之间的近似差异值
3	如果 T_{stator_rise} 高于热学模型的温升，则需要增大热量监控的灵敏度比。 如果 T_{stator_rise} 低于热学模型的温升，则需要减小热量监控的灵敏度比	提示： 当热量监控的灵敏度比大幅度地更改时，可以使用 T_{stator_rise} 和热学模型温升的比值
4	如果 T_{stator_rise} + Maxtemperature robot> 130 ℃（所允许的最高温度为 140℃，并且在 130℃时将显示电机过热警告），则应考虑采取措施来降低温度，比如提高冷却能力、降低平均转矩或选择更大规格的电机或齿轮装置	

安全注意事项如下。

所有正常的检修工作、安装、维护和维修工作通常在关闭全部电气、气压和液压动力的情况下执行。通常使用机械挡块等防止所有操纵器运动。在故障排除时通过在本地运行的工业机器人程序或者通过与系统连接的 PLC 从 FlexPendant 手动控制操纵器运动。

故障排除期间存在危险，在故障排除期间必须无条件地考虑以下注意事项。

（1）所有电气部件必须视为带电的。

（2）操纵器必须能够随时进行任何运动。

（3）由于安全电路可能已经断开或已绑住以启用正常禁止的功能，因此系统必须能够执行相应操作。

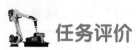 **任务评价**

任务评价表见表 7-7，活动过程评价表见表 7-8。

表 7-7　任务评价表

评价项目	比例	配分	序号	评价要素	评分标准	自评	教师评价
6S职业素养	30%	30分	1	选用适合的工具实施任务，清理无须使用的工具	未执行扣6分		
			2	合理布置任务所需使用的工具，明确标志	未执行扣6分		
			3	清除工作场所内的脏污，发现设备异常立即记录并处理	未执行扣6分		
			4	规范操作，杜绝安全事故，确保任务实施质量	未执行扣6分		
			5	具有团队意识，小组成员分工协作，共同高质量完成任务	未执行扣6分		
电机过热故障诊断与处理	70%	70分	1	掌握电机过热故障出现的原因	未掌握扣20分		
			2	能够处理工业机器人电机过热故障	未掌握扣25分		
			3	能够使用热量监控程序，监控工业机器人本体的运行状态	未掌握扣25分		
合计							

表 7-8　活动过程评价表

评价指标	评价要素	分数	分数评定
信息检索	能有效利用网络资源、工作手册查找有效信息；能用自己的语言有条理地去解释、表述所学知识；能将查找到的信息有效转换到工作中	10	
感知工作	是否熟悉各自的工作岗位，认同工作价值；在工作中，是否获得满足感	10	
参与状态	与教师、同学之间是否相互尊重、理解、平等；与教师、同学之间是否能够保持多向、丰富、适宜的信息交流。 探究学习、自主学习不流于形式，处理好合作学习和独立思考的关系，做到有效学习；能提出有意义的问题或能发表个人见解；能按要求正确操作；能够倾听、协作分享	20	

续表

评价指标	评价要素	分数	分数评定
学习方法	工作计划、操作技能是否符合规范要求；是否获得了进一步发展的能力	10	
工作过程	遵守管理规程，操作过程符合现场管理要求；平时上课的出勤情况和每天完成工作任务情况；善于多角度思考问题，能主动发现、提出有价值的问题	15	
思维状态	是否能发现问题、提出问题、分析问题、解决问题	10	
自评反馈	按时按质完成工作任务；较好地掌握了专业知识点；具有较强的信息分析能力和理解能力；具有较为全面严谨的思维能力并能条理明晰表述成文	25	
总分		100	

任务7.3 齿轮箱漏油 / 渗油故障诊断与处理

任务描述

某工作站的一台工业机器人本体在运动过程中出现齿轮箱漏油 / 渗油现象，请根据实际情况查找分析出现该故障的原因，并根据操作步骤完成工业机器人齿轮箱漏油 / 渗油的处理。

任务目标

1. 分析工业机器人出现齿轮箱漏油 / 渗油的原因。

2. 根据操作步骤完成对工业机器人齿轮箱漏油 / 渗油的处理。

所需工具

工业机器人本体维护维修标准工具包、六角扳手套组、十字螺丝刀、一字螺丝刀、机器人专用温度测量仪、工业机器人本体安全操作指导书。

学时安排

建议学时共2学时，其中相关知识学习建议1学时，学员练习建议1学时。

工作流程

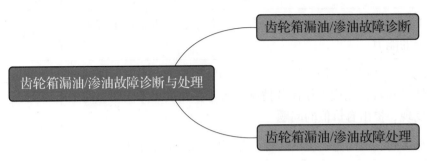

```
                                        ┌─────────────────────────┐
                                    ┌──│ 齿轮箱漏油/渗油故障诊断  │
┌──────────────────────────────┐    │   └─────────────────────────┘
│ 齿轮箱漏油/渗油故障诊断与处理 │────┤
└──────────────────────────────┘    │   ┌─────────────────────────┐
                                    └──│ 齿轮箱漏油/渗油故障处理  │
                                        └─────────────────────────┘
```

知识储备

齿轮箱周围的区域出现油泄漏的征兆可能发生在底座、最接近配合面，或者在分解器电机的最远端。除了外表肮脏之外，在某些情况下如果泄漏的油量非常少，就不会有严重的后果。但是在某些情况下，漏油会润滑电机制动闸，造成关机时操纵器失效。

该症状可能由以下原因引起。

（1）齿轮箱和电机之间的防泄漏密封装置损坏。

（2）减速箱油面过高。

（3）使用的润滑油的质量差或油面高度不正确。

（4）工业机器人工作周期内特定关节轴的运行太困难。

（5）齿轮箱内出现过大压力。

任务实施

工业机器人齿轮箱漏油 / 渗油故障处理措施见表 7-9。

表 7-9　工业机器人齿轮箱漏油 / 渗油故障处理措施

序号	处理措施	参考信息
1	检查电机和齿轮箱之间的所有密封和垫圈	注意安全信息，不同的工业机器人型号使用不同类型的密封
2	检查齿轮箱油面高度	
3	在应用程序中写入一小段的"冷却周期"程序，使工业机器人故障关节处可以得到冷却的效果	参见产品手册

安全注意事项如下。

所有正常的检修工作、安装、维护和维修工作通常在关闭全部电气、气压和液压动力的情况下执行。

故障排除期间存在危险，在故障排除期间必须无条件地考虑以下注意事项。

（1）所有电气部件必须视为带电的。

（2）操纵器必须能够随时进行任何运动。

（3）由于安全电路可能已经断开或已绑住以启用正常禁止的功能，因此系统必须能够执行相应操作。

 **任务评价**

任务评价表见表 7-10，活动过程评价表见表 7-11。

表 7-10　任务评价表

评价项目	比例	配分	序号	评价要素	评分标准	自评	教师评价
6S 职业素养	30%	30 分	1	选用适合的工具实施任务，清理无须使用的工具	未执行扣 6 分		
			2	合理布置任务所需使用的工具，明确标志	未执行扣 6 分		
			3	清除工作场所内的脏污，发现设备异常立即记录并处理	未执行扣 6 分		
			4	规范操作，杜绝安全事故，确保任务实施质量	未执行扣 6 分		
			5	具有团队意识，小组成员分工协作，共同高质量完成任务	未执行扣 6 分		
故障诊断与处理	齿轮箱漏油/渗油	70%	70 分	1	能够分析齿轮箱漏油/渗油故障发生原因	未掌握扣 40 分		
			2	能够处理齿轮箱漏油/渗油故障	未掌握扣 30 分		
合计							

表 7-11　活动过程评价表

评价指标	评价要素	分数	分数评定
信息检索	能有效利用网络资源、工作手册查找有效信息；能用自己的语言有条理地去解释、表述所学知识；能将查找到的信息有效转换到工作中	10	
感知工作	是否熟悉各自的工作岗位，认同工作价值；在工作中，是否获得满足感	10	

续表

评价指标	评价要素	分数	分数评定
参与状态	与教师、同学之间是否相互尊重、理解、平等；与教师、同学之间是否能够保持多向、丰富、适宜的信息交流。 探究学习、自主学习不流于形式，处理好合作学习和独立思考的关系，做到有效学习；能提出有意义的问题或能发表个人见解；能按要求正确操作；能够倾听、协作分享	20	
学习方法	工作计划、操作技能是否符合规范要求；是否获得了进一步发展的能力	10	
工作过程	遵守管理规程，操作过程符合现场管理要求；平时上课的出勤情况和每天完成工作任务情况；善于多角度思考问题，能主动发现、提出有价值的问题	15	
思维状态	是否能发现问题、提出问题、分析问题、解决问题	10	
自评反馈	按时按质完成工作任务；较好地掌握了专业知识点；具有较强的信息分析能力和理解能力；具有较为全面严谨的思维能力并能条理明晰表述成文	25	
总分		100	

任务 7.4　关节故障诊断与处理

任务描述

　　某工作站的一台工业机器人本体在运动过程中出现关节不能锁定现象，导致工业机器人安全出现问题，请根据实际情况查找分析出现该故障的原因，并根据操作步骤完成关节故障的处理。

任务目标

　　1. 分析工业机器人出现关节不能锁定现象的原因。
　　2. 根据操作步骤完成对工业机器人关节故障的处理。

所需工具

　　工业机器人本体维护维修标准工具包、六角扳手套组、十字螺丝刀、一字螺丝刀、万用电表、示波器、机器人本体安全操作指导书。

学时安排

　　建议学时共 2 学时，其中相关知识学习建议 1 学时，学员练习建议 1 学时。

 **工作流程**

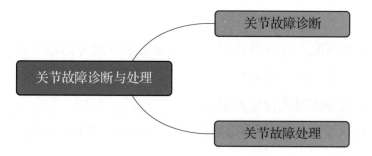

关节故障诊断与处理 ——— 关节故障诊断

关节故障处理

 知识储备

在关节轴电机处于 Motors ON 状态时，对应关节轴能够正常工作；但在关节轴电机处于 Motors OFF 状态时，电机集成的制动闸将不能承受工业机器人操纵臂的重量，会因自身的重量而损毁。

该关节故障可能会对在此区域工作的人员造成严重的伤害或者造成死亡，或者对工业机器人、周围的设备造成严重的损坏。

该故障可能由以下原因引起。

（1）有故障的制动器。

（2）制动器的电源故障。

任务实施

工业机器人关节故障处理措施见表 7-12。

表 7-12　工业机器人关节故障处理措施

序号	操作	参考信息
1	确定造成工业机器人关节故障的损毁电机	安全注意事项
2	在 Motors OFF 状态下，检查损毁电机的制动闸电源	根据工业机器人及控制柜的产品手册和电路图操作，同时操作需遵守安全操作规范及本体维护注意事项
3	拆解工业机器人本体外盖，检查故障电机所在关节轴处是否有任何漏油的迹象。 如果发现故障，并根据任务 7.3 中所述内容诊断并处理润滑油泄漏故障	根据工业机器人及控制柜的产品手册和电路图操作，同时操作需遵守安全操作规范及本体维护注意事项
4	拆下故障电机，根据工业机器人产品手册中所述方法更换电机组件	根据工业机器人及控制柜的产品手册和电路图操作，同时操作需遵守安全操作规范及本体维护注意事项

安全注意事项如下。

所有正常的检修工作、安装、维护和维修工作通常在关闭全部电气、气压和液压动力的情况下执行。

故障排除期间存在危险，在故障排除期间必须无条件地考虑以下注意事项。

（1）所有电气部件必须视为带电的。

（2）操纵器必须能够随时进行任何运动。

（3）由于安全电路可能已经断开或已绑住以启用正常禁止的功能，因此系统必须能够执行相应操作。

 **任务评价**

任务评价表见表7-13，活动过程评价表见表7-14。

表7-13 任务评价表

评价项目	比例	配分	序号	评价要素	评分标准	自评	教师评价
6S职业素养	30%	30分	1	选用适合的工具实施任务，清理无须使用的工具	未执行扣6分		
			2	合理布置任务所需使用的工具，明确标志	未执行扣6分		
			3	清除工作场所内的脏污，发现设备异常立即记录并处理	未执行扣6分		
			4	规范操作，杜绝安全事故，确保任务实施质量	未执行扣6分		
			5	具有团队意识，小组成员分工协作，共同高质量完成任务	未执行扣6分		
关节故障诊断与处理	70%	70分	1	能够分析关节故障发生原因	未掌握扣40分		
			2	能够处理关节故障	未掌握扣30分		
合计							

表 7-14　活动过程评价表

评价指标	评价要素	分数	分数评定
信息检索	能有效利用网络资源、工作手册查找有效信息；能用自己的语言有条理地去解释、表述所学知识；能将查找到的信息有效转换到工作中	10	
感知工作	是否熟悉各自的工作岗位，认同工作价值；在工作中，是否获得满足感	10	
参与状态	与教师、同学之间是否相互尊重、理解、平等；与教师、同学之间是否能够保持多向、丰富、适宜的信息交流。探究学习、自主学习不流于形式，处理好合作学习和独立思考的关系，做到有效学习；能提出有意义的问题或能发表个人见解；能按要求正确操作；能够倾听、协作分享	20	
学习方法	工作计划、操作技能是否符合规范要求；是否获得了进一步发展的能力	10	
工作过程	遵守管理规程，操作过程符合现场管理要求；平时上课的出勤情况和每天完成工作任务情况；善于多角度思考问题，能主动发现、提出有价值的问题	15	
思维状态	是否能发现问题、提出问题、分析问题、解决问题	10	
自评反馈	按时按质完成工作任务；较好地掌握了专业知识点；具有较强的信息分析能力和理解能力；具有较为全面严谨的思维能力并能条理明晰表述成文	25	
总分		100	

项目知识测评

1. 单选题

在工业机器人运行期间，示教器如果出现（　　）的报警信息，则表示工业机器人本体中电机温度过高。

A. 10252　　　　　　　B. 20252　　　　　　　C. 30252　　　　　　　D. 40252

2. 多选题

（1）工业机器人震动噪声出现的原因有哪几个方面？（　　）

A. 磨损的轴承　　　　　　　　　　　B. 污染物进入轴承圈

C. 减速机内出现过大的压力　　　　　D. 轴承没有润滑

（2）减速机故障发出噪声主要是由减速机过热造成的。减速机过热主要有以下哪种原因。（   ）

A. 磨损的轴承。

B. 使用润滑油的质量差或者油面高度不正确。

C. 工业机器人工作周期运行特定关节轴太困难。

D. 齿轮箱内出现过大压力。

（3）关节故障可能由以下哪种原因引起。（   ）

A. 磨损的轴承   B. 有故障的制动器

C. 蓄电池电量缺失   D. 制动器的电源故障

3. 判断题

（1）在工业机器人操作期间，电机、减速机、轴承等发出机械噪声及震动是正常现象。

（   ）

（2）轴承引起的震动噪声故障出现通常是油面高度不正确造成的。   （   ）

（3）当关节轴电机处于 Motors ON 状态时，电机集成的制动闸将不能承受工业机器人操纵臂的重量，会因自身的重量而损毁。   （   ）

项目8
工业机器人周边系统故障诊断与处理

项目导言

　　本项目围绕工业机器人维护维修岗位职责和企业实际生产中的工业机器人周边系统故障（含控制柜等）维护维修的工作内容，就控制柜、PLC、视觉系统和位置传感器等设备维护与维修的故障分析思路和维修操作方法进行了详细的讲解，并设置了丰富的实训任务，使学生通过实操进一步理解维护维修的分析和操作思路。

项目目标

　　1. 培养分析工业机器人控制柜出现软故障的原因和处理方法的能力。

　　2. 培养分析和解决工业机器人周边设备故障处理方法的能力。

　　3. 培养处理控制柜各单元常见故障的诊断和处理能力。

　　4. 培养处理位置传感器故障分析和处理的能力。

```
                                          ┌─────────────────────────┐
                                          │  控制柜软故障诊断与处理    │
                                          └─────────────────────────┘
                                          ┌─────────────────────────────┐
                                          │  工业机器人周边设备故障诊断与处理 │
工业机器人周边系统故障诊断与处理             └─────────────────────────────┘
                                          ┌───────────────────────────┐
                                          │  控制柜各单元故障诊断与处理位置 │
                                          └───────────────────────────┘
                                          ┌─────────────────────┐
                                          │  传感器故障诊断与处理  │
                                          └─────────────────────┘
```

任务 8.1 控制柜软故障诊断与处理

任务描述

某工作站的一台工业机器人控制柜出现启动无法响应、LED 灯不亮的现象，请根据实际情况查找分析出现该故障的原因，并根据操作步骤完成工业机器人控制柜软故障的处理。

任务目标

1.分析工业机器人控制柜无法启动的原因。

2.根据操作步骤完成对工业机器人控制柜启动故障的处理。

所需工具

工业机器人控制柜维护与维修标准工具包、内六角扳手套组、十字螺丝刀、一字螺丝刀、万用电表、示波器、工业机器人控制柜安全操作手册

学时安排

建议学时共 3 学时，其中相关知识学习建议 1 学时，学员练习建议 2 学时。

工作流程

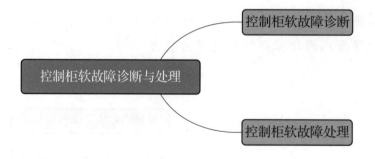

知识储备

在工业机器人启动后，在工业机器人参数设置过程中会发生各种故障，造成软故障常见的原因列举如下。

（1）I/O 配置无效。

（2）交叉连接电路关闭。

（3）与 I/O 设备的通信中断。

（4）已安装一个 PROFIBUS 电路板，但尚未安装 PROFIBUS 选项。

（5）安装许可被拒绝。

（6）工业网络通信异常。

（7）DeviceNet 网络通信异常。

（8）DeviceNet 地址配置重复。

 **任务实施**

控制柜软故障处理措施见表 8-1。

表 8-1　控制柜软故障处理措施

序号	故障原因	采取措施
1	I/O 设备被分配了相同位置。注意：连接至相同 I/O 总线的 I/O 单元必须有唯一的地址	①检查地址是否正确。②检查各 I/O 设备是否已连接到正确的网络
2	I/O 信号 arg 为已关闭交叉连接链的一部分（即形成一个无法评估的循环关联）。整个交叉连接配置已被拒绝	纠正包含上述 I/O 信号的交叉连接配置
3	I/O 设备可能已经断开与系统的连接	确保网线已经插入控制柜。确保 I/O 设备供电正常。确保至 I/O 设备的接线正确连接
4	在未正确安装 PROFIBUS 选项的情况下，可能尝试过添加 PROFIBUS 功能	如果需要 PROFIBUS 选项：使用此选项配置一个新系统并安装该系统。如果不需要 PROFIBUS 选项：配置一个无该选项的新系统并安装该系统
5	拒绝将目录 arg 安装至服务器 arg	检查用户名和密码
6	Mac 地址为 arg 的 I/O 设备与 "arg" 主控电路板的通信失败	检查与网关的连接。查看 IP 配置
7	DeviceNet 网络 arg 上发生少量通信错误	确保所有终端电阻连接正确。确保所有通信线缆和接头都工作正常且是推荐的类型。检查网络拓扑和线缆长度。确保 DeviceNet 电源工作正常。更换任何故障部件
8	DeviceNet 网络上为 DeviceNet 主控电路板保留的地址 arg 已被网络上的另一个 I/O 设备 arg 占用	更改 I/O 配置中的主控地址。从网络断开占用该地址的 I/O 设备。重新启动控制器

安全注意事项如下。

所有正常的检修工作、安装、维护和维修工作通常在关闭全部电气、气压和液压动力的情况下执行。

故障排除期间存在危险，在故障排除期间必须无条件地考虑以下注意事项。

（1）所有电气部件必须视为带电的。

（2）操纵器必须能够随时进行任何运动。

（3）由于安全电路可能已经断开或已绑住以启用正常禁止的功能，因此系统必须能够执行相应操作。

 **任务评价**

任务评价表见表 8-2，活动过程评价表见表 8-3。

表 8-2　任务评价表

评价项目	比例	配分	序号	评价要素	评分标准	自评	教师评价
6S 职业素养	30%	30 分	1	选用适合的工具实施任务，清理无须使用的工具	未执行扣 6 分		
			2	合理布置任务所需使用的工具，明确标志	未执行扣 6 分		
			3	清除工作场所内的脏污，发现设备异常立即记录并处理	未执行扣 6 分		
			4	规范操作，杜绝安全事故，确保任务实施质量	未执行扣 6 分		
			5	具有团队意识，小组成员分工协作，共同高质量完成任务	未执行扣 6 分		
控制柜软故障诊断与处理	70%	70 分	1	明确造成工业机器人系统软故障的常见原因	未掌握扣 10 分		
			2	能够分析工业机器人控制柜 I/O 装置相关的故障原因，并排除故障	未掌握扣 20 分		
			3	能够分析工业机器人控制柜工业网络通信相关的故障原因，并排除故障	未掌握扣 20 分		
			4	能够分析工业机器人控制柜安装许可相关的故障原因，并排除故障	未掌握扣 20 分		
合计							

表8-3 活动过程评价表

评价指标	评价要素	分数	分数评定
信息检索	能有效利用网络资源、工作手册查找有效信息；能用自己的语言有条理地去解释、表述所学知识；能将查找到的信息有效转换到工作中	10	
感知工作	是否熟悉各自的工作岗位，认同工作价值；在工作中，是否获得满足感	10	
参与状态	与教师、同学之间是否相互尊重、理解、平等；与教师、同学之间是否能够保持多向、丰富、适宜的信息交流。探究学习、自主学习不流于形式，处理好合作学习和独立思考的关系，做到有效学习；能提出有意义的问题或能发表个人见解；能按要求正确操作；能够倾听、协作分享	20	
学习方法	工作计划、操作技能是否符合规范要求；是否获得了进一步发展的能力	10	
工作过程	遵守管理规程，操作过程符合现场管理要求；平时上课的出勤情况和每天完成工作任务情况；善于多角度思考问题，能主动发现、提出有价值的问题	15	
思维状态	是否能发现问题、提出问题、分析问题、解决问题	10	
自评反馈	按时按质完成工作任务；较好地掌握了专业知识点；具有较强的信息分析能力和理解能力；具有较为全面严谨的思维能力并能条理明晰表述成文	25	
总分		100	

任务8.2 工业机器人周边设备故障诊断与处理

任务描述

某工作站的 PLC 和视觉设备出现无法连接的现象，请根据实际情况查找分析设备无法连接的原因，并根据操作步骤完成对设备连接故障的处理。

任务目标

1. 分析工作站 PLC 和视觉连接异常的原因。

2. 根据操作步骤完成对设备连接故障的处理。

 **所需工具**

工业机器人控制柜维护与维修标准工具包、内六角扳手套组、十字螺丝刀、一字螺丝刀、万用电表、安全操作指导书。

 **学时安排**

建议学时共 3 学时，其中相关知识学习建议 1 学时，学员练习建议 2 学时。

工作流程

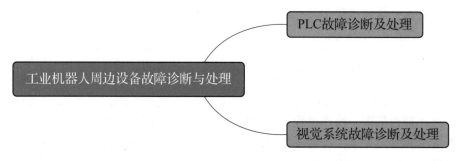

任务实施

1. PLC 故障诊断及处理

西门子 SIMATIC 系列 PLC 以其精湛的德国制造工艺，在我国很多行业被广泛应用，因而西门子故障处理、PLC 电路板维修成为很多企业设备维护技术人员必须掌握的本领。

1）软件故障

软件故障都可以利用西门子专用编程器解决问题，西门子 PLC 都留有通信 PC 接口，通过专用伺服编程器即可解决几乎所有的软件问题。

2）PLC 硬件故障

PLC 的硬件故障较为直观地就能发现，维修的基本方法就是更换模块。根据故障指示灯和故障现象判断故障模块是检修的关键，盲目地更换会带来不必要的损失。

（1）电源模块故障。一个工作正常的电源模块上面的工作指示灯如 "AC" "24 VDC" "5 VDC" "BATT" 等应该是绿色长亮的，哪一个灯的颜色发生了变化或闪烁或熄灭，就表示那一部分的电源有问题。电源模块故障处理措施见表 8-4。

表 8-4　电源模块故障处理措施

序号	故障原因	采取措施
1	"AC" 灯不亮，无工作电源	检查电源保险丝是否熔断，更换熔丝时应用同规格同型号的保险丝，操作请遵循安全注意事项

续表

序号	故障原因	采取措施
2	"5 VDC""24 VDC"灯熄灭表示无相应的直流电源输出	检查控制器中所有单元的各个LED指示灯，检查主计算机上的全部状态信号
3	"BATT"变色灯是后备电源指示灯，绿色表示正常，黄色表示电量低，红色表示故障	当黄灯亮时，就应该更换后备电池，手册规定两年到三年需更换锂电池一次；当红灯亮时，表示后备电源系统故障，需要更换整个模块

（2）I/O模块故障。PLC的输入模块一般由光电耦合电路组成；输出模块根据型号不同有继电输出、晶体管输出、光电输出等。每一个输入输出点都有相应的发光二极管指示。当有输入信号但该点不亮或确定有输出但输出灯不亮时，就应该怀疑I/O模块有故障。输入和输出模块有6~24个点，如果只是因为一个点的损坏就更换整个模块在经济上不合算。通常的做法是找备用点替代，然后在程序中更改相应的地址。但要注意，程序较大将使查找具体地址有困难。特别强调的是，无论是更换输入模块，还是更换输出模块，都要在PLC断电的情况下进行。

（3）CPU模块故障。通用型S7 PLC的CPU模块上往往包括有通信接口、EPROM插槽、故障指示灯等，故障的隐蔽性更大，因为更换CPU模块的费用很大，所以对它的故障分析、判断要尤为仔细，需要专业的维修人员进行检测处理。

3）外围线路故障

在PLC控制系统中出现的故障率分别为：CPU及存储器占5%、I/O模块占15%、传感器及开关占45%、执行器占30%、接线等其他方面占5%，可见80%以上的故障出现在外围线路。外围线路由现场输入信号（如按钮开关、选择开关、接近开关及一些传感器输出的开关量，继电器输出触点或模数转换器转换的模拟量等）和现场输出信号（电磁阀、继电器、接触器、电机等），以及导线和接线端子等组成。接线松动、元器件损坏、机械故障、干扰等均可引起外围电路故障，排查时要仔细，替换的元器件要选用性能可靠、安全系数高的优质器件。一些功能强大的控制系统采用故障代码表示故障，对故障的分析及排除带来极大便利，应好好利用。

2. 视觉系统故障诊断及处理

机器视觉就是基于仿生的角度，模拟眼睛通过视觉传感器进行图像采集，并在获取之后由图像处理系统进行图像处理和识别。视觉系统作为集成设备的重要组成部分，其主要故障是出现在启动时、操作时和通信时，以上故障的分析和处理措施见表8-5、表8-6和表8-7。

表 8-5　启动时故障处理措施

序号	故障现象	采取措施
1	电源指示灯不亮	连接电源，调整电压（DC24 V+10%，-15%）
2	监视器不显示	检查监视器电源，正确连接电缆，如仍不显示请更换
3	不显示 FH 画面	确认相机连接电缆，再启动及初始化，如仍无法显示，请确认是否数据损坏，请与售后联系
4	监视器图像模糊	检查线缆并正确连接，检查周边电源和电磁干扰并排除
5	相机图像不显示	打开镜头盖，检查相机电缆连接，调整光圈
6	启动速度慢	检查是否在启动时连接了 LAN，如果在启动时连接 LAN，启动可能需要一段时间

表 8-6　操作时故障处理措施

序号	故障现象	采取措施
1	监视器不显示测量结果或者无法保存数据	检查是否在主画面，不在主画面请调整；如仍不显示，请查看控制器内存卡，是否已无内存，请将资料转存，以释放存储空间
2	测量时无法更新显示	当 STEP 信号的输入间隔较短时，或者执行连续测量过程中为了优先考虑测量，都可能无法更新测量结果的显示。在连续测量结束时，显示后测量的结果。如果将黑白用设定擅自变成彩色用设定，会发生测量 NG，因此会出现测量 NG（图像不匹配）。 在图像未输入状态下，请勿进入设定画面，并按"OK"按钮结束。要重新设定，请在输入了图像的状态下，进入设定画面，按后按"OK"按钮结束

表 8-7　通信时故障处理措施

序号	故障现象	采取措施
1	不接收触发信号（输入信号）	确认各电缆正确连接，切换到主画面，关闭各种设定画面
2	无法将信号输出到外部设备	确认各电缆正确连接、是否已输入触发信号、信号线是否断开，可在通信确认画面中确认通信状态。确认是否执行了试测量，试测量期间无法将数据输出到外部设备

任务评价

任务评价表见表 8-8，活动过程评价表见表 8-9。

表 8-8　任务评价表

评价项目	比例	配分	序号	评价要素	评分标准	自评	教师评价
6S 职业素养	30%	30 分	1	选用适合的工具实施任务，清理无须使用的工具	未执行扣 6 分		
			2	合理布置任务所需使用的工具，明确标志	未执行扣 6 分		
			3	清除工作场所内的脏污，发现设备异常立即记录并处理	未执行扣 6 分		
			4	规范操作，杜绝安全事故，确保任务实施质量	未执行扣 6 分		
			5	具有团队意识，小组成员分工协作，共同高质量完成任务	未执行扣 6 分		
工业机器人周边设备故障诊断与处理	70%	70 分	1	能够诊断并处理 PLC 电源故障。	未掌握扣 10 分		
			2	能够诊断并处理 PLC 的 I/O 模块故障	未掌握扣 10 分		
			3	能够诊断并处理 PLC 的 CPU 模块故障	未掌握扣 10 分		
			4	能够诊断并处理 PLC 的外围线路故障	未掌握扣 10 分		
			5	能够诊断并处理视觉系统启动时的故障	未掌握扣 10 分		
			6	能够诊断并处理视觉系统操作时的故障	未掌握扣 10 分		
			7	能够诊断并处理视觉系统通信时的故障	未掌握扣 10 分		
合计							

表 8-9　活动过程评价表

评价指标	评价要素	分数	分数评定
信息检索	能有效利用网络资源、工作手册查找有效信息；能用自己的语言有条理地去解释、表述所学知识；能将查找到的信息有效转换到工作中	10	
感知工作	是否熟悉各自的工作岗位，认同工作价值；在工作中，是否获得满足感	10	

续表

评价指标	评价要素	分数	分数评定
参与状态	与教师、同学之间是否相互尊重、理解、平等；与教师、同学之间是否能够保持多向、丰富、适宜的信息交流。 探究学习、自主学习不流于形式，处理好合作学习和独立思考的关系，做到有效学习；能提出有意义的问题或能发表个人见解；能按要求正确操作；能够倾听、协作分享	20	
学习方法	工作计划、操作技能是否符合规范要求；是否获得了进一步发展的能力	10	
工作过程	遵守管理规程，操作过程符合现场管理要求；平时上课的出勤情况和每天完成工作任务情况；善于多角度思考问题，能主动发现、提出有价值的问题	15	
思维状态	是否能发现问题、提出问题、分析问题、解决问题	10	
自评反馈	按时按质完成工作任务；较好地掌握了专业知识点；具有较强的信息分析能力和理解能力；具有较为全面严谨的思维能力并能条理明晰表述成文	25	
总分		100	

任务 8.3　控制柜各单元故障诊断与处理

任务描述

某工作站的一台工业机器人控制柜模块对应的 LED 指示灯不亮、控制柜单元模块发生故障，请根据实际情况查找分析出现故障的原因，并根据操作步骤完成工业机器人控制柜各单元故障的处理。

任务目标

1. 分析工业机器人控制柜单元模块出现故障的原因。
2. 根据操作步骤完成对工业机器人控制柜各单元故障的处理。

所需工具

工业机器人控制柜维护与维修标准工具包、内六角扳手套组、十字螺丝刀、一字螺丝刀、万用电表、示波器、工业机器人控制柜安全操作手册。

学时安排

建议学时共 3 学时，其中相关知识学习建议 1 学时，学员练习建议 2 学时。

 工作流程

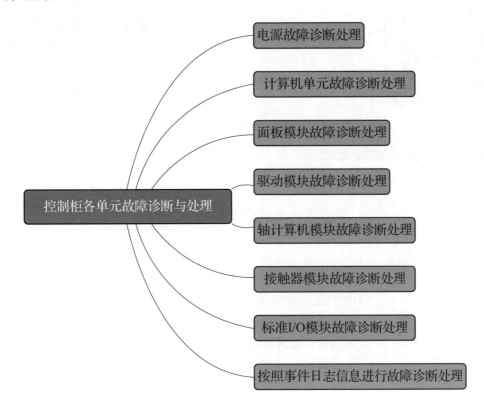

 任务实施

1. 电源故障诊断处理

客户 I/O 电源模块故障处理措施见表 8-10。

表 8-10 客户 I/O 电源模块故障处理措施

序号	故障原因	采取措施
1	A—○	客户 I/O 电源模块 绿灯：所有直流输出都超出指定的最低水平。 关：在一个或多个 DC 输出低于指定的最低水平时

序号	故障原因	采取措施
2	 DC OK指示器	系统电源模块 绿灯：所有直流输出都超出指定的最低水平。 关：在一个或多个DC输出低于指定的最低水平时

2. 计算机单元故障诊断处理

主计算机故障处理措施见表8-11。

表8-11　主计算机故障处理措施

序号	描述	含义
1	Power 灯（绿）	①正常启动：在正常启动期间，此LED熄灭，直到计算机单元内的COM快速模块启动。启动完成后LED长亮。 ②启动期间遇到故障（闪烁间隔熄灭）。短闪1秒熄灭。持续到电源关闭为止。处理措施：更换计算机装置。 ③运行时电源故障（闪烁间隔，快速闪烁）。1~5 s间隔闪烁，20 s快速闪烁。这将持续到电源关闭为止。处理措施：暂时性电压降低，重启控制器电源；检查计算机单元的电源电压；更换计算机装置
2	DISC-Act（黄）	磁盘活动。 DISC-Act表示计算机正在写入SD卡
3	STATUS（红/绿）	启动过程如下。 ①红灯长亮，正在加载bootloader。 ②红灯闪烁，正在加载镜像。 ③绿灯闪烁，正在加载RobotWare。 ④绿灯长亮，系统就绪。 故障表示如下。 ①红灯始终长亮，检查SD卡。 ②红灯始终闪烁，检查SD卡。 ③绿灯始终闪烁，查看FlexPendant或CONSOLE的错误消息
4	NS（红/绿）	（网络状态）未使用
5	MS（红/绿）	（模块状态）未使用

3. 面板模块故障诊断处理

面板单元指示灯功能如图 8-1 所示。

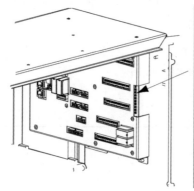

描述	含义
状态 LED	闪烁绿灯：串行通信错误。 持续绿灯：找不到错误，且系统正在运行。 红灯闪烁：系统正在加电/自检模式中。 持续红灯：出现串行通信错误以外的错误。
指示 LED, ES1	黄灯 在紧急停止 (ES) 链 1 关闭时亮起
指示 LED, ES2	黄灯 在紧急停止 (ES) 链 2 关闭时亮起
指示 LED, GS1	黄灯 在常规停止 (GS) 开关链 1 关闭时亮起
指示 LED, GS2	黄灯 在常规停止 (GS) 开关链 2 关闭时亮起
指示 LED, AS1	黄灯 在自动停止 (AS) 开关链 1 关闭时亮起
指示 LED, AS2	黄灯 在自动停止 (AS) 开关链 2 关闭时亮起
指示 LED, SS1	黄灯 在上级停止 (SS) 开关链 1 关闭时亮起
指示 LED, SS2	黄灯 在上级停止 (SS) 开关链 2 关闭时亮起
指示 LED, EN1	黄灯 在 ENABLE1=1 且 RS 通信正常时亮起

图 8-1　面板单元指示灯功能

4. 驱动模块故障诊断处理

驱动系统故障描述见表 8-12。

表 8-12　驱动系统故障描述

序号	描述	含义
1	以太网 LED （B，D）	显示其他轴计算机（2、3 或 4）和以太网电路板之间的以太网通信状态。 • 绿灯熄灭：选择了 10 Mbps 数据率。 • 绿灯亮起：选择了 100 Mbps 数据率。 • 黄灯闪烁：两个单元正在以太网通道上通信。 • 黄色持续：LAN 链路已建立。 • 黄灯熄灭：未建立 LAN 链接

5. 轴计算机模块故障诊断处理

轴计算机系统的描述见表 8-13。

表 8-13　轴计算机系统的描述

序号	描述	含义
1	状态 LED	启动期间的正常顺序如下。 ①持续红灯：加电时默认。 ②闪烁红灯：建立与主计算机的连接并将程序加载到轴计算机。 ③闪烁绿灯：轴计算机程序启动并连接外围单元。 ④持续绿灯。启动序列持续。应用程序正在运行。 以下的情况指示错误。 ①熄灭：轴计算机没有电或者内部错误（硬件/固件）。 ②持续红灯（永久）：轴计算机无法初始化基本的硬件。 ③闪烁红灯（永久）：与主计算机的连接丢失、主计算启动问题或者 RobotWare 安装问题。 ④闪烁绿灯（永久）：与外围单元的连接丢失或者 RobotWare 启动问题

序号	描述	含义
2	以太网 LED	显示其他轴计算机（2、3 或 4）和以太网电路板之间的以太网通信状态。 ①绿灯熄灭：选择了 10 Mbps 数据率。 ②绿灯亮起：选择了 100 Mbps 数据率。 ③黄灯闪烁：两个单元正在以太网通道上通信。 ④黄色持续：LAN 链路已建立。 ⑤黄灯熄灭：未建立 LAN 链接

6. 接触器模块故障诊断处理

接触器模块 LED 指示灯显示的含义见表 8-14。

表 8-14　接触器模块 LED 指示灯显示的含义

序号	描述	含义
1	状态 LED	闪烁绿灯：串行通信错误。 状态 LED 持续绿灯：找不到错误，且系统正在运行。 闪烁红灯：系统正在加电 / 自检模式中。 持续红灯：出现串行通信错误以外的错误

7. 标准 I/O 模块故障诊断处理

模块状态 LED 指示灯显示的含义与故障解决方法见表 8-15。

表 8-15　模块状态 LED 指示灯显示的含义与故障解决方法

LED 灯颜色	描述	解决方法
熄灭	模块没有供电	检查供电
持续绿灯	模块正常工作	
闪烁绿灯	不完整或者不正确的组态，模块处于待机状态	检查系统参数 检查事件日志
闪烁红灯	可恢复的轻微错误	检查事件日志
持续红灯	不可恢复的错误	更换模块
红灯、绿灯闪烁	设备运行自检	如果闪烁时间较长，检查硬件

网络状态 LED 指示灯显示与故障处理方式见表 8-16。

表 8-16　网络状态 LED 指示灯与故障处理方式

LED 灯颜色	描述	解决方法
熄灭	模块没有供电或不在线。 模块尚未通过 Dup_MAC_ID 测试	检查模块状态 LED 灯 检查受影响模块的供电
持续绿灯	正常工作	检查网络中的其他节点是否正常运行 检查参数以查看模块是否具有正确的 ID

续表

LED 灯颜色	描述	解决方法
闪烁绿灯	设备在线，但在已建立的状态下没有连接	检查系统参数 检查事件日志
闪烁红灯	一个或多个连接超时	检查系统信息
持续红灯	通信设备失败。设备检测到错误，导致无法在网络上进行通信	检查系统信息和系统参数

8. 按照事件日志信息进行故障诊断处理

当工业机器人和控制器发生故障时，示教器或者软件界面会出现故障事件日志信息，用来告知用户出现故障代码，故障信息，以及建议的处理方法。事件信息有以下几个方面组成。

编号：事件消息的编号。

符号：事件消息的类型。

名称：事件消息的名称。

说明：导致事件发生的动作。

结果：事件发生后工业机器人的状态。

可能性原因：有可能导致事件的原因。

动作：消除事件影响所需要做的步骤。

任务评价

任务评价表见表 8–17，活动过程评价表见表 8–18。

表 8–17　任务评价表

评价项目	比例	配分	序号	评价要素	评分标准	自评	教师评价
6S职业素养	30%	30分	1	选用适合的工具实施任务，清理无须使用的工具	未执行扣6分		
			2	合理布置任务所需使用的工具，明确标志	未执行扣6分		
			3	清除工作场所内的脏污，发现设备异常立即记录并处理	未执行扣6分		
			4	规范操作，杜绝安全事故，确保任务实施质量	未执行扣6分		
			5	具有团队意识，小组成员分工协作，共同高质量完成任务	未执行扣6分		

评价项目	比例	配分	序号	评价要素	评分标准	自评	教师评价
控制柜各单元故障诊断与处理	70%	70分	1	能够实施工业机器人控制器电源故障诊断及处理	未掌握扣10分		
			2	能够实施工业机器人控制器计算机单元故障诊断及处理	未掌握扣10分		
			3	能够实施工业机器人控制器面板模块故障诊断及处理	未掌握扣10分		
			4	能够实施工业机器人控制器驱动模块故障诊断及处理	未掌握扣10分		
			5	能够实施工业机器人控制器轴计算机模块故障诊断及处理	未掌握扣10分		
			6	能够实施工业机器人控制器接触器模块故障诊断及处理	未掌握扣10分		
			7	能够实施工业机器人控制器标准I/O模块故障诊断及处理	未掌握扣5分		
			8	能够按照时间日志信息进行故障诊断处理	未掌握扣5分		
合计							

表 8-18　活动过程评价表

评价指标	评价要素	分数	分数评定
信息检索	能有效利用网络资源、工作手册查找有效信息；能用自己的语言有条理地去解释、表述所学知识；能将查找到的信息有效转换到工作中	10	
感知工作	是否熟悉各自的工作岗位，认同工作价值；在工作中，是否获得满足感	10	
参与状态	与教师、同学之间是否相互尊重、理解、平等；与教师、同学之间是否能够保持多向、丰富、适宜的信息交流。 探究学习、自主学习不流于形式，处理好合作学习和独立思考的关系，做到有效学习；能提出有意义的问题或能发表个人见解；能按要求正确操作；能够倾听、协作分享	20	
学习方法	工作计划、操作技能是否符合规范要求；是否获得了进一步发展的能力	10	
工作过程	遵守管理规程，操作过程符合现场管理要求；平时上课的出勤情况和每天完成工作任务情况；善于多角度思考问题，能主动发现、提出有价值的问题	15	

续表

评价指标	评价要素	分数	分数评定
思维状态	是否能发现问题、提出问题、分析问题、解决问题	10	
自评反馈	按时按质完成工作任务；较好地掌握了专业知识点；具有较强的信息分析能力和理解能力；具有较为全面严谨的思维能力并能条理明晰表述成文	25	
总分		100	

任务 8.4　位置传感器故障诊断与处理

任务描述

某工作站的位置传感器在到达定位设定位置时无法实时响应，请根据实际情况查找分析出现故障的原因，并根据操作步骤完成位置传感器故障的处理。

任务目标

1. 分析位置传感器无法实时反馈的原因。

2. 根据操作步骤完成对位置传感器故障的处理。

所需工具

标准电气工具包、十字螺丝刀、一字螺丝刀、万用电表、位置传感器安全操作手册。

学时安排

建议学时共 3 学时，其中相关知识学习建议 1 学时，学员练习建议 2 学时。

工作流程

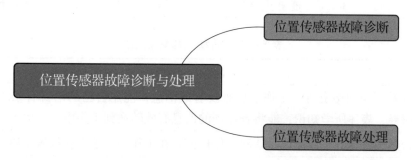

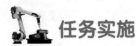 **任务实施**

位置传感器故障处理措施见表8-19。

表8-19 位置传感器故障处理措施

序号	处理措施
1	检查硬件接线。 欧姆龙接近开关分为两线制和三线制两种，两线制接近开关直接与负载串联后接通到电源上，但是其中三线制接近开关又有两种不同的接线方法，即NPN型和PNP型。两种不同接线方法的相同之处在于，都是在电源正端接棕线，负载应该接黑线，而在电源0V端应该接蓝线
2	调整传感器的位置，直到检测到感应信号为止
3	如执行了步骤1、2，传感器仍处于故障状态，则需要参照产品手册中的方法更换位置传感器

 **任务评价**

任务评价表见表8-20，活动过程评价表见表8-21。

表8-20 任务评价表

评价项目	比例	配分	序号	评价要素	评分标准	自评	教师评价
6S职业素养	30%	30分	1	选用适合的工具实施任务，清理无须使用的工具	未执行扣6分		
			2	合理布置任务所需使用的工具，明确标志	未执行扣6分		
			3	清除工作场所内的脏污，发现设备异常立即记录并处理	未执行扣6分		
			4	规范操作，杜绝安全事故，确保任务实施质量	未执行扣6分		
			5	具有团队意识，小组成员分工协作，共同高质量完成任务	未执行扣6分		
位置传感器故障诊断与处理	70%	70分	1	掌握位置传感器分类与功能	未掌握扣30分		
			2	掌握位置传感器发生异常的主要原因	未掌握扣30分		
			3	能够正确排除位置传感器的故障	未掌握扣10分		

表8-21 活动过程评价表

评价指标	评价要素	分数	分数评定
信息检索	能有效利用网络资源、工作手册查找有效信息；能用自己的语言有条理地去解释、表述所学知识；能将查找到的信息有效转换到工作中	10	
感知工作	是否熟悉各自的工作岗位，认同工作价值；在工作中，是否获得满足感	10	

续表

评价指标	评价要素	分数	分数评定
参与状态	与教师、同学之间是否相互尊重、理解、平等；与教师、同学之间是否能够保持多向、丰富、适宜的信息交流。 探究学习、自主学习不流于形式，处理好合作学习和独立思考的关系，做到有效学习；能提出有意义的问题或能发表个人见解；能按要求正确操作；能够倾听、协作分享	20	
学习方法	工作计划、操作技能是否符合规范要求；是否获得了进一步发展的能力	10	
工作过程	遵守管理规程，操作过程符合现场管理要求；平时上课的出勤情况和每天完成工作任务情况；善于多角度思考问题，能主动发现、提出有价值的问题	15	
思维状态	是否能发现问题、提出问题、分析问题、解决问题	10	
自评反馈	按时按质完成工作任务；较好地掌握了专业知识点；具有较强的信息分析能力和理解能力；具有较为全面严谨的思维能力并能条理明晰表述成文	25	
	总分	100	

项目知识测评

1. 单选题

（1）PLC的软件故障都可以利用西门子专用编程器解决问题，西门子PLC都留有通信（   ），通过专用伺服编程器即可解决几乎所有的软件问题。

A. PC接口　　　　　　B. Ethercat接口　　　　　C. Profinet接口　　　　D. 通用以太网口

（2）机器视觉就是基于仿生的角度，模拟眼睛通过视觉传感器进行图像采集，并在获取之后由图像处理系统进行（   ）。

A. 图像存储和发送　　B. 图像处理和识别　　C. 图像存储和编号　　D. 以上均不是

（3）PLC的硬件故障较为直观地就能发现，维修的基本方法就是更换模块。根据（   ）和故障现象判断故障模块是检修的关键，盲目地更换会带来不必要的损失。

A. 三色灯　　　　　　B. 故障指示灯　　　　　C. 蜂鸣器　　　　　　D. 光栅

2. 多选题

（1）PLC的输入模块一般由光电耦合电路组成；输出模块根据型号不同有（   ）等。

A. 继电输出　　　　　B. 晶体管输出　　　　　C. 光电输出等　　　　D. 以上均不是

（2）位置传感器异常主要有哪几个方面的原因？（   ）

A. 接线错误　　　　　B. 距离太远　　　　　　C. 运行时间过长　　　D. 传感器损坏

3. 判断题

（1）西门子PLC中"BATT"变色灯是后备电源指示灯，绿色正常，红色电量低，黄色故障。　　　　　　　　　　　　　　　　　　　　　　　　　　　　　（   ）

（2）无论是更换PLC输入模块，还是更换输出模块，都要在PLC断电的情况下进行。　　　　　　　　　　　　　　　　　　　　　　　　　　　　　　　（   ）

参考文献

［1］张春芝，钟柱培，许妍妩. 工业机器人操作与编程［M］. 北京：高等教育出版社，2018.

［2］蒋正炎，许妍妩，莫剑中. 工业机器人视觉技术及行业应用［M］. 北京：高等教育出版社，2018.

［3］张春. 深入浅出西门子S7-1200PLC［M］. 北京：北京航空航天大学出版社，2009.

［4］北京华航唯实机器人科技股份有限公司. 工业机器人集成应用（ABB）·中级［M］. 北京：高等教育出版社，2021.

附录 I

工作站电气原理图

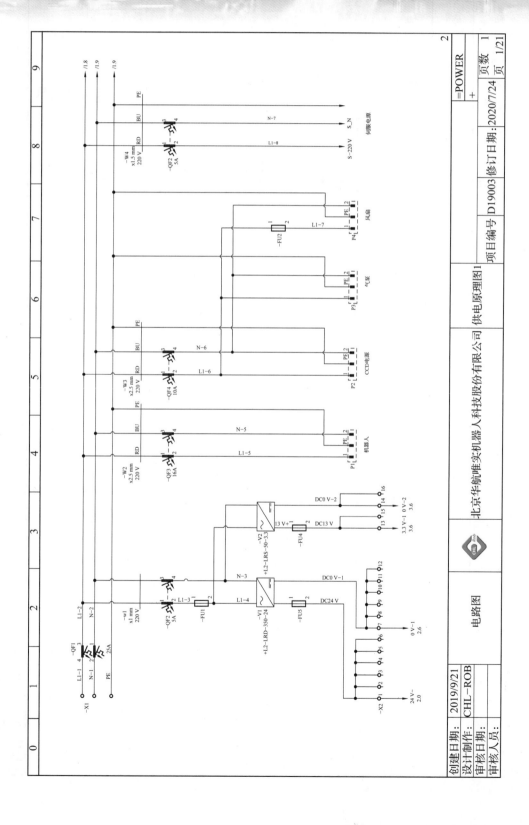

《 **183**

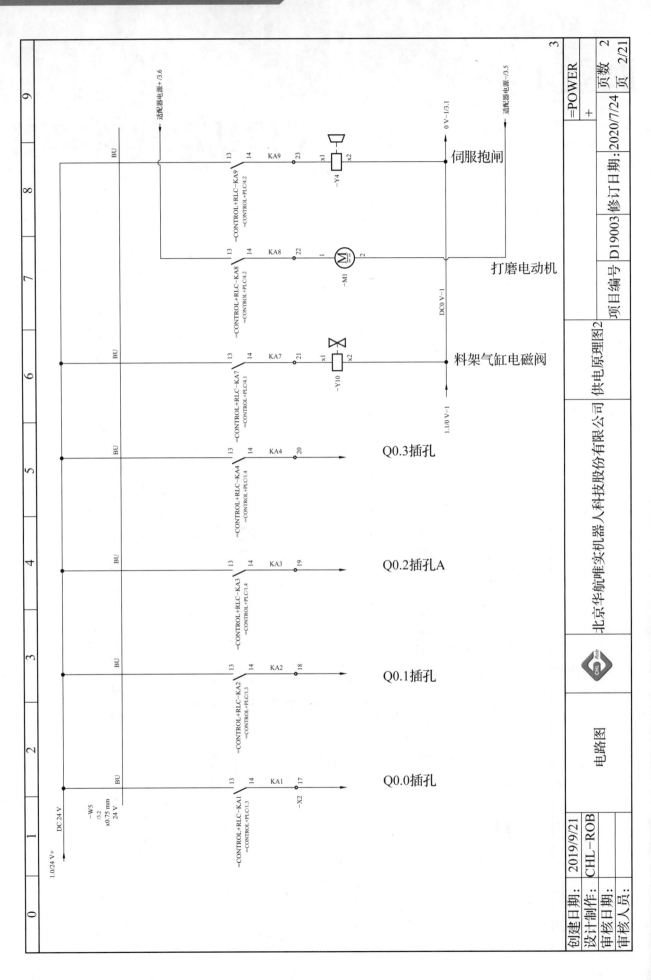

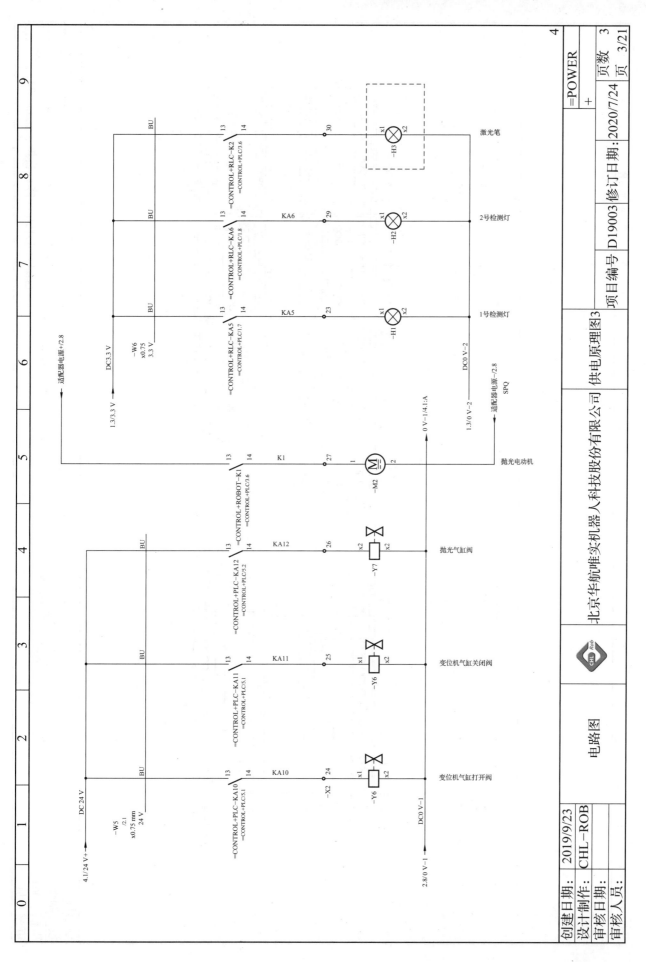

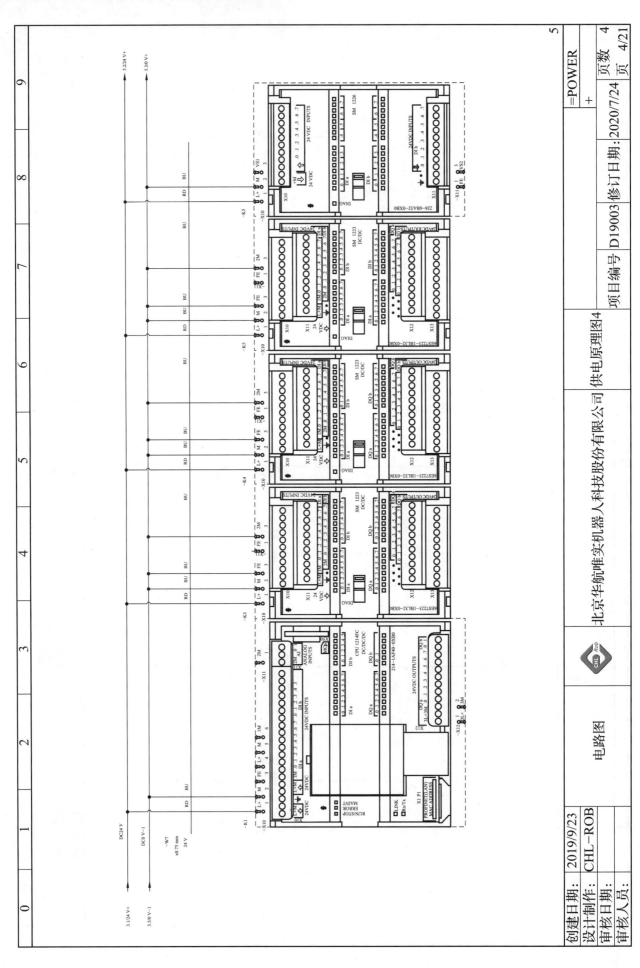

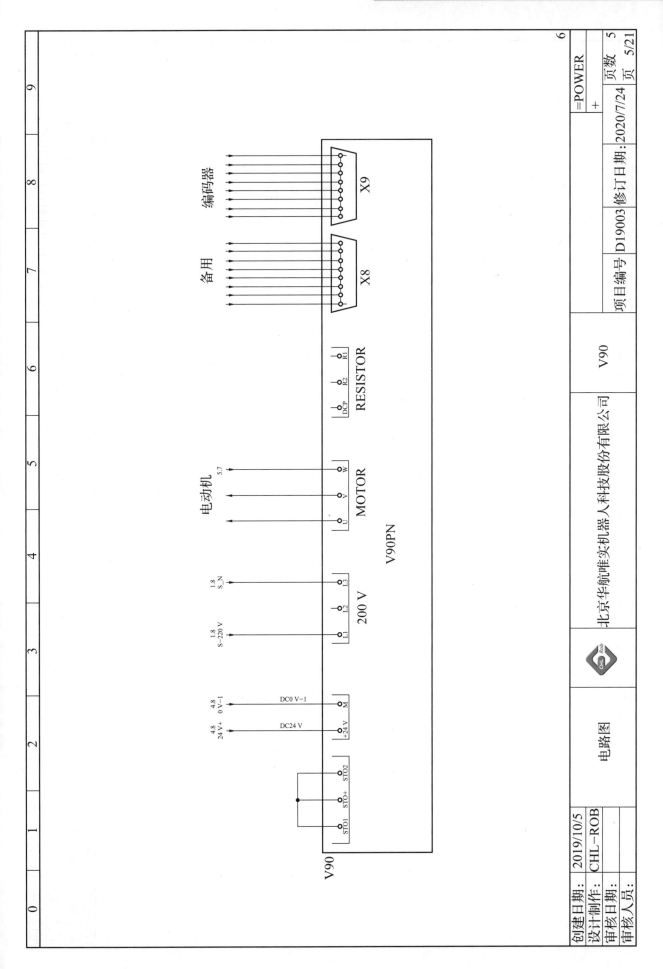

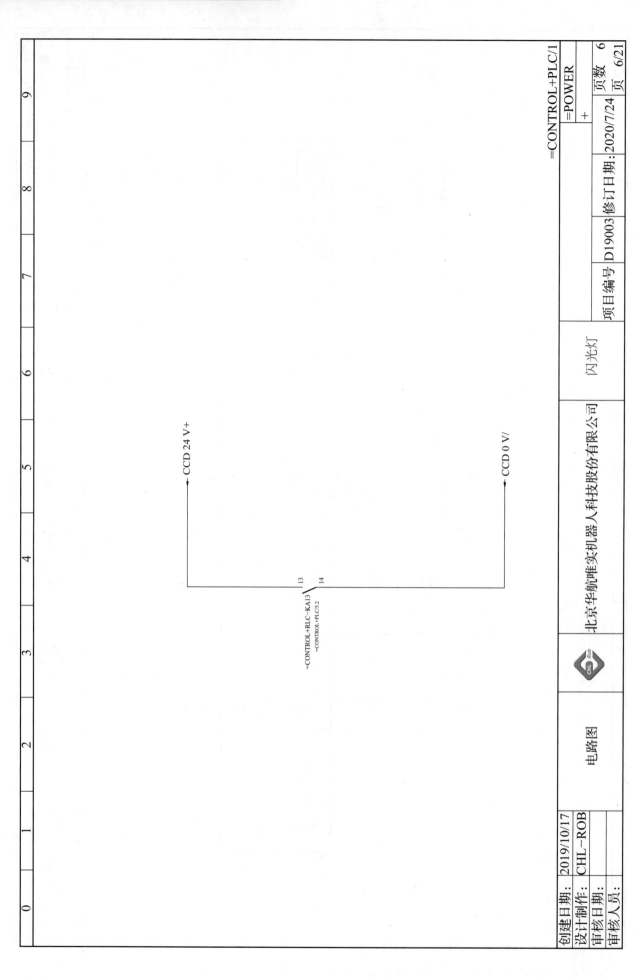

附录 Ⅱ

工作站气路接线图

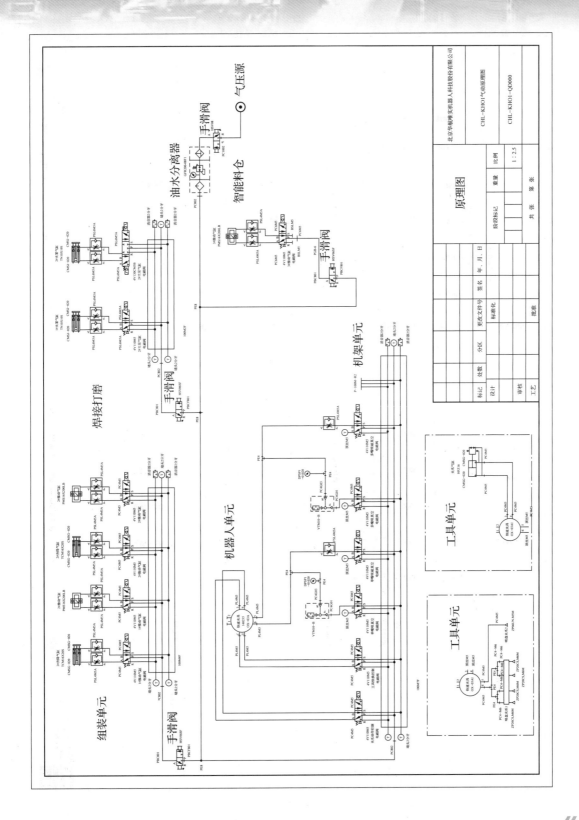

附录Ⅲ

工作站总控单元接线图

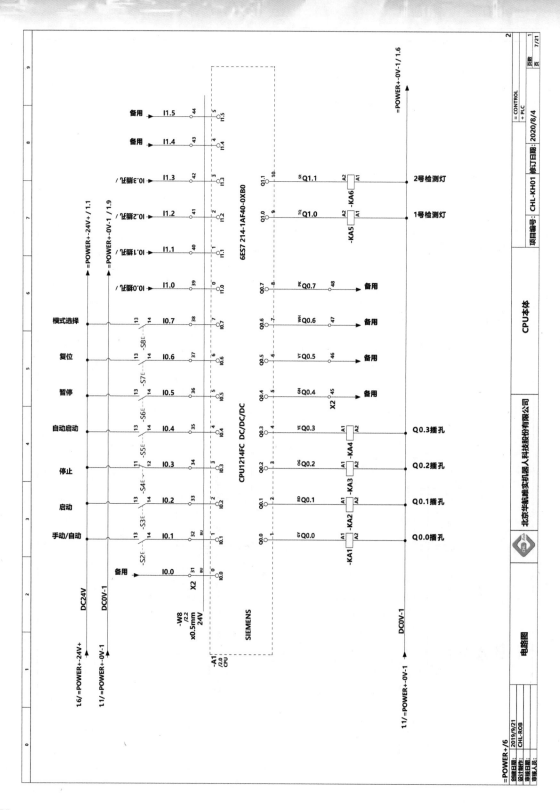

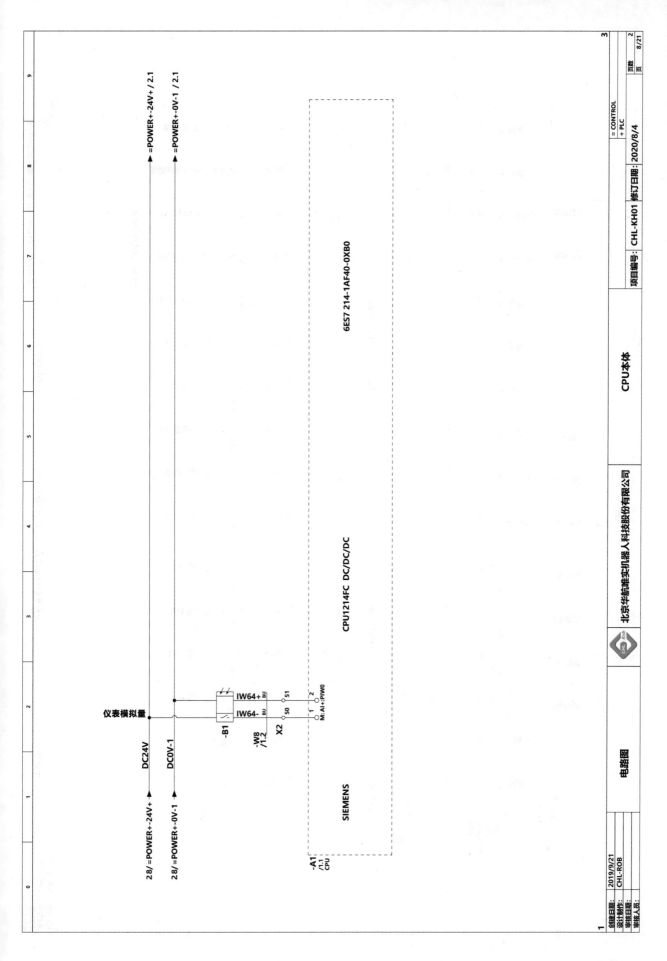

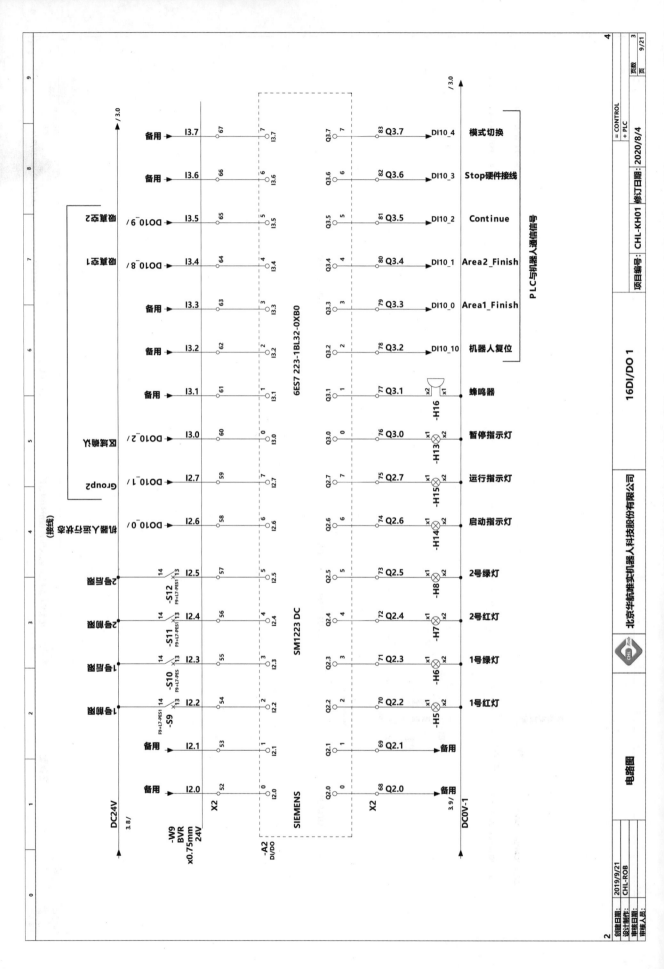

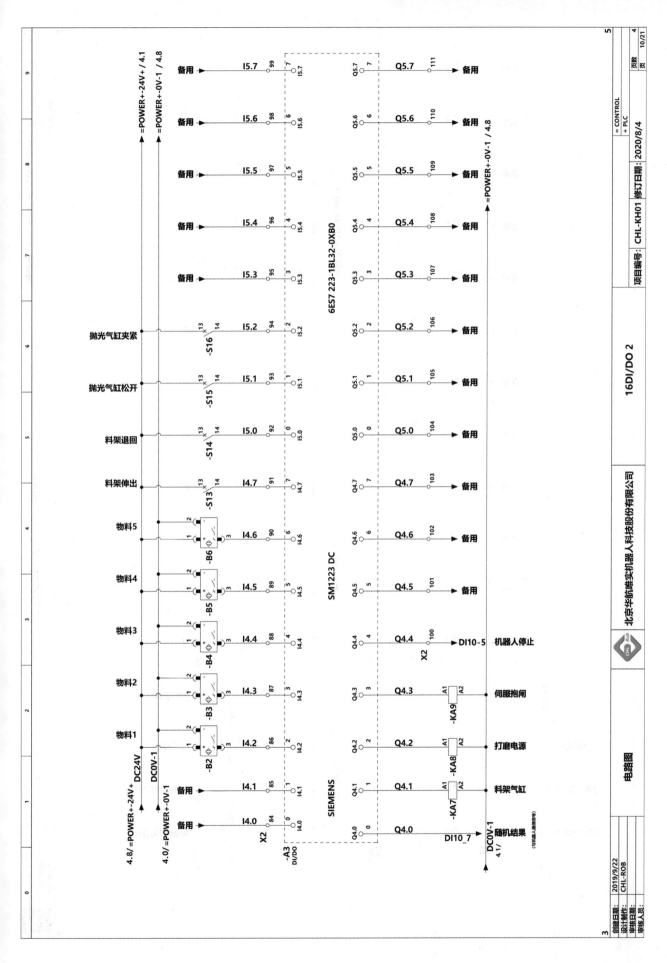

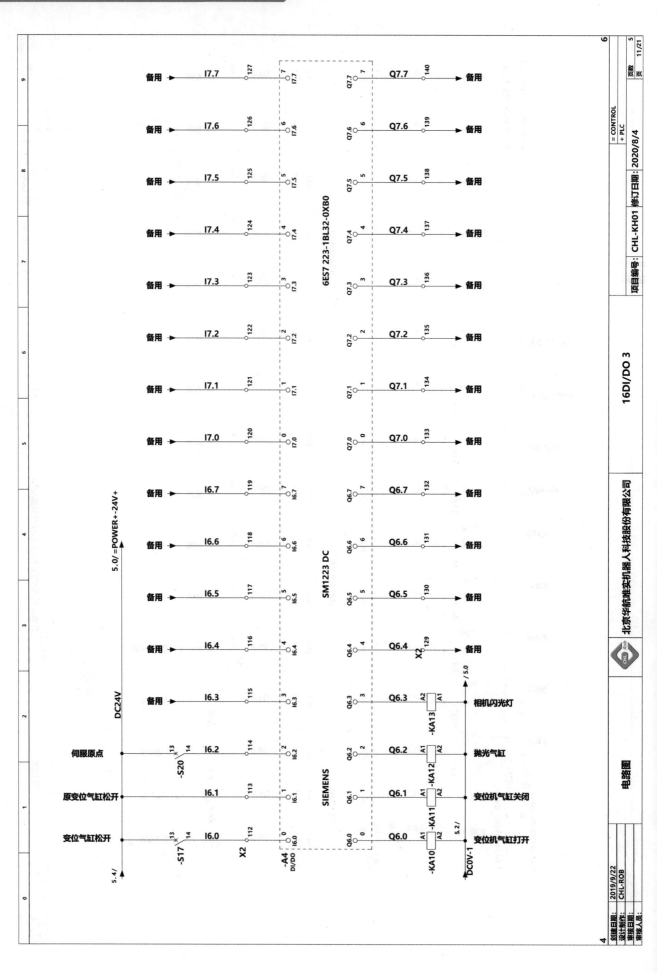